墨香财经学术文库

U0883989

资源型产业园区生态化治理模式研究

The Study on Ecological Governance Patterns for Resource-Based Industries Parks

衣庆焘　著

东北财经大学出版社
Dongbei University of Finance & Economics Press　大连

图书在版编目（CIP）数据

资源型产业园区生态化治理模式研究 / 衣庆焘著. —大连：东北财经大学出版社，2023.11
（墨香财经学术文库）
ISBN 978-7-5654-4964-2

Ⅰ.资…　Ⅱ.衣…　Ⅲ.工业园区-生态环境建设-研究-中国　Ⅳ.X321.2

中国国家版本馆CIP数据核字（2023）第176029号

东北财经大学出版社出版发行
大连市黑石礁尖山街217号　邮政编码　116025
网　址：http：//www.dufep.cn
读者信箱：dufep @ dufe.edu.cn
大连永盛印业有限公司印刷

幅面尺寸：170mm×240mm　字数：204千字　印张：14.25　插页：1
2023年11月第1版　2023年11月第1次印刷
责任编辑：李　彬　章北蓓　责任校对：赵　楠
封面设计：原　皓　版式设计：原　皓
定价：72.00元

教学支持　售后服务　联系电话：（0411）84710309

举报电话：（0411）84710523
如有印装质量问题，请联系营销部：（0411）84710711

前言

伴随着资源的过度开采和环境破坏，具有依赖资源发展产业特征的地区，诸如新疆、内蒙古、山西等省份和自治区，亟待找到能够实现可持续发展的模式，对现有的资源型产业园区进行生态化改造。然而，国内外的生态工业园区的理论研究都少有针对资源型产业园区，形成系统深入的生态化治理模式的研究成果，国内在实践中也出现了简单照搬国内外生态工业园区的运作模式的状况。

为了探寻上述问题的理论答案，本书依据工业生态理论，运用社会网络分析法、群组案例分析等方法，试图从错综复杂的资源型产业生态网络中识别出具有规律性的生态化治理模式。本书主要内容包括：典型案例的基础内容分析，典型案例生态化治理模式的归纳，资源型产业园区生态化治理模式的特征及规则，以及新疆地区资源型产业园区生态化治理模式选择等。

本书大体分为以下四点：

第一，参照国内对工业产业园区的研究结论，结合卡伦堡(Kalundborg)、山东九发生态工业园等30个案例的物质流交换关系，归纳出单产业主导型、多产业混合型、资源再生型、农产品加工与生活混合社区等四种产业园（区）类型。

第二，运用社会网络分析技术，绘制出30个资源型生态工业园（区）的案例的生态化网络图，并采用UCINET软件，计算出所有案例的整体网络密度、网络平均距离、网络凝聚力指数、网络向外/向内中心度、节点企业的中心度等指标数据。

第三，通过分析案例的社会网络特征，归纳出5种彼此具有显著差异的资源型产业生态化治理模式，分别是：副产品链拓展治理模式、废弃物集中分解治理模式、产品加工自循环治理模式、固废再利用主导型治理模式和主产品链延伸治理模式。研究结果发现，5种资源型产业生态治理模式所适用的产业类型和园区类型各不相同，并且在产业网络中的分解者所处的地位、物质流向内向外趋势、主体之间的物质流交换关系数量、产业链延伸方式等方面存在显著差异，能够据此提出不同治理模式的适用条件和治理规则。

第四，在分析新疆地区的自然禀赋、资源型产业（包括园区）生态化发展现状及问题的基础上，运用上述理论研究结果，提出了新疆地区的生态化发展的对策建议。研究发现新疆地区可以将石油天然气化工、煤化工、农副产品精深加工、棉纺/纺织/轻纺、光伏和风电产业作为开展生态化治理的主要资源型产业，在多数情况下应首选副产品链拓展模式作为治理手段。

本书从生态化治理的视角分析资源型产业园区的可持续发展问题，研究结果是对现有资源型产业和生态工业园的相关理论的补充，对我国典型的资源依赖地区的产业升级改造具有借鉴价值。

衣庆焘

2023年8月

目录

1　导论 / 1
　1.1　研究背景 / 1
　1.2　研究意义 / 4
　1.3　研究内容 / 5
　1.4　指导理论与方法 / 6
　1.5　研究设计与技术路线 / 8
　1.6　主要研究贡献 / 10

2　国内外相关研究述评 / 13
　2.1　资源型产业发展相关研究述评 / 13
　2.2　产业生态化发展相关研究述评 / 17
　2.3　新疆地区产业发展相关研究述评 / 24

3　案例研究设计 / 29
　3.1　案例总体思路与方案 / 29

3.2 研究对象的选择原则 / 32
3.3 信息收集及其编码方案 / 33
3.4 案例研究假设 / 34
3.5 案例的选择 / 36
3.6 典型案例的社会网络计算方法 / 42

4 产业园区的典型案例与分类 / 46
4.1 工业产业园区的分类准则 / 46
4.2 单产业主导型专业加工区案例分析 / 47
4.3 多产业混合型园区案例分析 / 57
4.4 资源再生型产业园区案例分析 / 72
4.5 农产品加工与生活混合社区案例分析 / 73
4.6 本章的研究结果总结 / 77

5 典型案例社会网络测算及生态化治理模式 / 78
5.1 副产品链拓展治理典型案例 / 78
5.2 废弃物集中分解治理典型案例 / 90
5.3 产品加工自循环治理典型案例 / 103
5.4 固废再利用主导型治理典型案例 / 118
5.5 主产品链延伸治理典型案例 / 124
5.6 辅助案例描述 / 130
5.7 本章的研究结果总结 / 135

6 资源型产业园区生态化治理模式的特征及规则 / 137
6.1 资源型产业园区生态化治理模式的特征分析 / 137
6.2 不同治理模式的匹配分析 / 149
6.3 不同治理模式下的生态化治理规则 / 153
6.4 不同治理模式的适用条件分析 / 159
6.5 本章的研究结果总结 / 161

7 新疆地区资源型产业园区生态化治理模式的选择 / 162
7.1 新疆地区的自然资源禀赋分析 / 162
7.2 新疆地区的环境污染与治理现状及问题分析 / 166
7.3 新疆地区的代表性产业园区与资源型产业选择 / 181
7.4 新疆地区的资源型产业园区生态化治理模式匹配分析 / 191
7.5 资源型产业园区生态化治理的对策建议 / 197
7.6 本章的研究结果总结 / 200

8 研究结论与展望 / 201
8.1 本书的主要结论 / 201
8.2 存在的研究局限 / 205
8.3 研究展望 / 205

参考文献 / 207

索引 / 219

1 导论

1.1 研究背景

1.1.1 实践背景

习近平总书记在党的二十大报告中，对生态文明建设提出了一系列新观点、新要求、新方向和新部署，并全面阐述了持续推动生态文明建设的战略思路与方法。

工业革命以来，人类对大自然进行了前所未有的改造，生产力快速发展，工业在创造巨大物质财富的同时，也对自然环境造成了严重破坏——资源的快速消耗、环境的严重污染等。我国处于社会主义初级阶段，工业化仍然是未来一段时间内经济发展的主要模式，但“牺牲环境换取经济增长”的做法早已不可取，为了平衡环境与发展问题，需要一条既能持续发展又能保护环境的绿色发展之路。党的十九大报告把社会主义现代化强国的目标从“富强、民主、文明、和谐”丰富为“富强、民主、文明、和谐、美丽”，即从物质文明、政治文明、精神文明、社会文明、生态文明的高度，提出推进新时代中国特色社会主义发展的目标，凸显了发展的整体性和协同性。

工业生态化发展旨在优化环境，促进经济增长，在国内外的经济发展中已经占据了重要地位。运用生态工业理念推动我国工业生态化转型，已成为降低资源和能源消耗、改善生态环境、保障我国经济可持续发展的重要选择。虽然推动工业生态化转型能够在一定程度上消除工业企业造成的生态负效应，提升社会效益，但由于企业追求经济效益最大化，因此，在面对高投入且投资回收期长的生态化转型工作时，部分工业企业往往会存在顾虑。

为此，我国相关部门出台了多项政策措施。例如，国务院在2013年公布了《全国资源型城市可持续发展规划（2013—2020年）》，对262个城市的发展战略进行布局。规划指出，国内资源富集地区可持续发展压力较大，要改造提升传统资源型产业，大力发展循环经济。这个规划推动了全国范围内资源型产业生态化治理步伐。环境保护部在2017年印发了《“一带一路”生态环境保护合作规划》，指出应加大绿色示范项目支持力度，开展环保产业技术合作园区及示范基地建设，引导优势环保产业集群式发展，探索合作共建环保产业技术园区及示范基地的创新合作模式。

工业园区是产业集聚的载体，是区域经济发展的引擎。然而，工业园区也是污染排放集中地。随着我国工业园区经济总量扩大、资源和能源消耗增加，在其发展过程中出现了大量环境问题，阻碍了园区可持续发展。工业生态化建设为进行合理的园区环境管理提供了契机。

我国在引导产业园区生态化发展方面，先后出台了一系列规范和标准，包括《行业类生态工业园区标准（试行）》（HJ/T273—2006）、《综合类生态工业园区标准》（HJ274—2009）、《国务院关于印发循环经济发展战略及近期行动计划的通知》（国发〔2013〕5号）、《静脉产业类生态工业园区标准（试行）》（HJ/T275—2006）、《“十二五”资源综合利用指导意见》（发改环资〔2011〕2919号）、《循环经济评价指标体系》、《国家生态工业示范园区管理办法》（环发〔2015〕167号）、《国家生态工业示范园区标准》（HJ274—2015）等。

建设生态工业园区在国外早已成为现代产业发展的主要方式。在大的政策背景下，我国沿海地区以及中西部许多省份都十分注重产业生态化发展。我国也涌现出一批具有生态化特征的典型园区，例如天津泰达生态工业园、贵港生态工业园以及大连经济技术开发区等。全国各地也都在模仿生态工业园区物质流交换设计来构建产业网络。特别是资源依赖性地区和省份，都开始探索产业园区循环经济改造，例如内蒙古、山西等西部省份大力推动煤炭产业循环经济产业链构造，发展煤炭深加工。但仍有众多经济技术开发区和高新技术产业园区需要进行生态化改造。

对于资源依赖的中西部地区，产业园区多数围绕当地资源产业进行设计，这为该类地区资源可持续开发和产业升级带来机遇。与此同时，需要对传统产业园区进行生态化改造升级，在现有主产品链条上增加废弃物链接关系，拓展产业网络，以符合循环经济中减量化、再循环、再利用的基本原则。基于中西部地区在产业园区生态化改造中遇到的问题，需要从治理角度挖掘资源型产业生态园区的发展规律，为不同特性的园区提供可借鉴的治理模式。

新疆是我国重要农产品主产区、能源资源战略基地及西部大开发重要基地，在国家"一带一路"倡议布局下被定位为"丝绸之路经济带核心区"。目前其资源型产业发展既有机遇，又面临环境现状严峻挑战，加之新疆地区是我国西部大省份和地区典型代表，可以作为资源型产业园区治理典型地区来分析研究。

因此，本书解决的主要问题为：针对资源型产业园区，探寻是否存在不同的生态化治理模式，分析相应治理特征和适用条件；同时，在总结资源型产业园区生态化治理模式研究结果基础上，深入分析新疆地区产业生态化发展对策，为新疆地区开展资源型产业生态化治理提供决策依据；同时也希望本书研究成果为我国西部地区资源型产业发展提供参考。

1.1.2 理论背景

近年来，国内外关于工业生态化发展的理论研究迅速发展。在我国，循环经济理论、绿色增长理论、低碳经济理论应用不断深入，相关研究成果日益丰富。不少学者对地区产业规划、产业结构设计、地区产业共生、区域产业共生稳定性等问题展开了深入研究。在建筑领域，如何实现道路、港口等基础设施的绿色低碳建设，如何建设低碳环保生活住宅小区的研究取得了众多成果。也有学者运用旅游经济学理论，对如何增强全民环保意识、实现绿色出行、保护自然环境和历史文化等各个领域都进行了深入研究。这些研究对推动我国经济健康发展起到了重要助推作用。同时，与此相关的产业结构优化、技术创新、相关理论与知识也越来越丰富。

在以上相关研究和理论指导下，展开西部欠发达地区产业生态化研究的基础和时机均已具备。本书将资源型产业园区生态化治理模式应用于新疆地区，在新疆经济快速发展动态过程中，从生态化、可持续发展角度，探寻如何在合理利用地区资源基础上，根据资源有效配置进行产业结构调整，实现产业结构高度化和合理化的路径和模式。

1.2 研究意义

1.2.1 理论意义

第一，本书从生态化治理视角研究资源型产业园区的发展规律，丰富了现有生态工业园理论的研究内容。近年来，国内外学者从各个角度开展产业生态化研究，但对不同类型园区如何开展生态化治理仍缺少指导性强的研究成果。本书在多案例比较研究的基础上，提出资源型产业园区的五种生态化治理模式，深入分析每种模式的特征和适用条件，期望丰富资源产业发展及工业园区生态发展的相关理论，补充产业经济和循环经济理论以及现有区域资源产业管理理论。

第二，本书分析新疆地区资源型产业发展的特点，在应用资源型产业园区生态化治理模式的基础上，提出新疆地区资源型产业发展的对策，拓展了我国中西部资源富集地区产业转型的研究内容。针对中西部地区资源型产业发展，多数研究集中于产业转型升级和发展现状评价方面，从生态化治理角度进行的研究较少。本书在总结国内外资源型产业园区发展实践规律的基础上，提出新疆地区资源型产业园区生态改造的模式和发展对策，丰富了以新疆为代表的资源富集地区产业转型理论的研究内容。

1.2.2 现实意义

第一，资源型产业园区生态化模式的研究成果可以为国内各传统工业园区的可持续发展和生态化改造提供新思路。近30年来，我国建立了各种不同规模和类型的经济技术开发区、新技术园区和生态工业园。由于都是新生事物，所以实验区、示范区的建设较多，现在仍需不断总结经验，进一步改善管理。因此，本书提出的不同园区产业生态化治理模式可作为借鉴和参考。

第二，有关新疆地区资源型产业园区生态化发展的研究成果，对我国包括新疆在内的西部地区如何有效地发挥资源特色、提高资源利用效率具有指导作用。我国西部地区存在严重粗放式开采、利用效率低、造成生态环境破坏和大量资源浪费的问题，居民生产生活受到极大影响，甚至危及人们的生命财产安全。如何使资源型区域步入可持续发展道路并取得重大突破，直接关系到新疆的可持续发展大局。产业结构优化与生态化发展作为探索可持续发展之路的突破口，可以促进新疆地区的经济结构转型，提高资源利用率，逐步改善生态环境质量，对全面实施可持续发展具有现实的指导意义。

1.3 研究内容

围绕资源型产业生态治理模式的研究问题，本书按照案例分析的思路展开讨论，设计研究内容见表1-1。

表1-1 **本书的研究内容**

章	主要的研究内容
第1章	研究背景、研究意义、指导理论与方法、研究设计与技术路线、主要研究贡献
第2章	资源型产业、产业生态化、新疆产业发展文献述评
第3章	案例研究设计、案例收集情况、典型案例选择及数据分析方法
第4章	典型案例的基础性分析
第5章	生态化治理模式的典型案例的网络测算与分析以及辅助案例的分析结果
第6章	资源型产业生态化治理模式的特征及规则
第7章	新疆地区资源型产业园区生态化治理模式选择
第8章	研究结论与展望

1.4 指导理论与方法

1.4.1 工业生态理论

本书首先依照工业生态理论开展分析，主要是因为资源型产业都涉及工业生产活动，工业生态理论的3R原则以及类比生态系统的主体定位，为资源型产业生态化治理提供了理论依据。

（1）工业生态的主体角色

① 生产者（企业）——Producer

这是指能够利用自然资源，经过工业化生产过程，形成终端消费品或者为其他产业主体提供原材料等输入物质的生产主体。生产者可以是产出初级产品的主体（企业）或者进行初级产品深加工的主体（企业）。

② 消费者（企业）——Consumer

这是指必须利用生产者提供的初、高级产品才能维持自身运作，并且存在的目的不是给其他主体提供有形物质产品的主体（企业）。

③ 分解者（企业）——Scavenger

这是指将生产者或者消费者所产生的废弃物作为副产品进行处置和资源化再利用的（企业）。

（2）3R原则

① 再利用原则——Reuse

要求生产过程中的各种物质在不改变形态的基础上，通过梯级利用等途径进入到下一个生产环节中，例如：工业生产中的热水、蒸汽等在产业链条上的多级利用。

② 再循环原则——Recycle

要求资源在经过产业链条上的生产环节后，通过改变形态等方式，重新进入到其他生产环节，例如：废水、废渣、废气等副产品的资源化利用过程。

③ 减量化原则——Reduce

要求从产业系统的输入、处理、输出全过程实现资源使用量的最小化，表现为在产业链条的源头上尽可能减少对自然资源的开采量，或者提高自然资源的开发效率，在生产过程中最大程度上减少废弃物的排放。

1.4.2 治理的理论

（1）治理的含义

学术界对治理的定义有很多，例如：林恩（Lynn）、特纳（Turner）等认为治理需要提出一套正式的规则和结构，定义各主体的职责，完成监督控制功能。这些定义侧重于权威主体对被治理主体的控制，并不能完全适用于资源型产业生态化的过程，主要原因在于该过程除了可能通过政府等权威主体开展之外，具有平等地位且存在彼此协作关系的主体之间也存在生态化治理的活动。

因此，本书将治理界定为权威主体或者具有平等地位的主体之间为了实现共同的目标，通过明确主体的职责和彼此的关系，以特定的过程和关系结构，对各种活动开展控制、协调和维护的机制。

（2）治理的主体

对治理中的主体的特性分析是开展治理研究的主要内容，有关治理的各种理论基础，都将治理主体的分析作为关键的内容。例如：根据资源依赖理论，治理需要协调各主体之间的关系，以实现资源的合理配置并避免冲突；根据利益相关者理论，治理需要明确可能涉及的各种主体，以明确治理活动的作用边界；委托代理理论从委托人和代理人的角色划分来研究治理主体，分析推动作为代理人身份的被治理者采取符合治理目标的正向行动的机制。

基于治理主体在治理研究中的重要地位，本书将在分析治理模式之前，先识别出各种相关的主体，并深入研究主体的特性和彼此的关系，借此发现治理规律。

（3）治理活动

在开展治理时，需要各主体围绕治理目标开展治理活动，治理活动的属性和特征将对治理效果产生重要影响。本书将治理活动界定为各治理主体和被治理主体之间相互作用关系的总和，体现了治理过程中的各类控制、监督、协调和合作等功能。

1.4.3 社会网络分析法

社会网络分析是运用图论、数学模型来研究行动者及其所处社会网络之间的关系，是一种结构分析的方法。“行动者”或称“节点”，可以是个体，或是群体、组织，甚至是国家，这些行动者及其相互关系，构成社会网络。

本书中，将某一个产业园区的资源型产业链条上的各种企业作为社会网络上的节点，综合应用社会网络分析的量化指标，如点/线的中心度、整体网络密度、网络平均距离等，分析资源型产业生态化治理模式存在的规律。

1.5 研究设计与技术路线

本书的具体研究方案如图1-1所示。

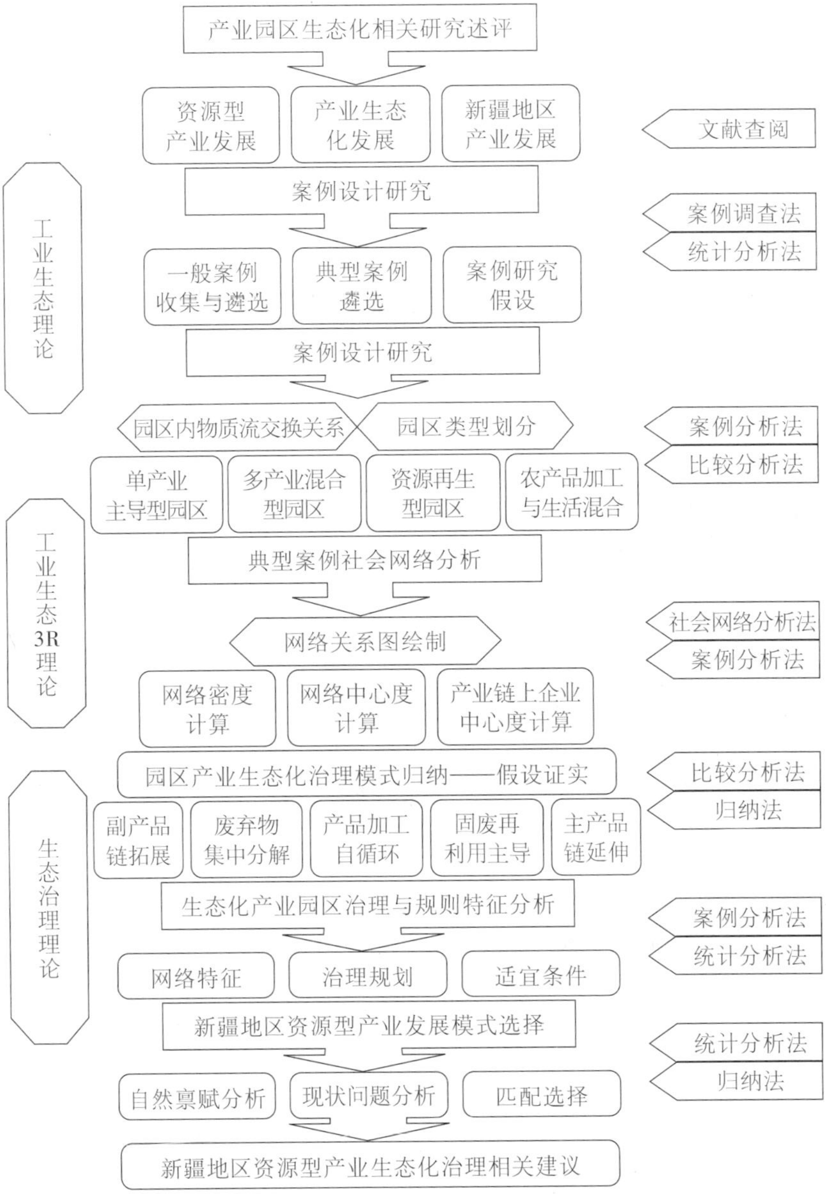

图 1-1 研究技术路线

具体研究步骤为：

第一，采用文献检索和归纳总结的方法，以产业发展、工业生态学等基本理论和资料中的案例为依据，对工业园区的类型作出分类。

第二，运用多案例研究法、网络分析法和统计分析等方法，通过多方面的搜索和整理，选择国内外典型工业园区生态化发展的案例，通过计算分析园区的网络参数，对园区的主产品链、废弃物链等发展规律进行总结，从而得出典型工业园区的生态化治理模式，以及每种模式的特征和适用条件。

第三，采用实地调研、小规模专家访谈等方式，分析新疆地区资源状况、产业布局、产业关联度以及生态化发展等现状；并选择新疆地区代表性的主要优质资源，对其产业状况展开分析，从而深入了解新疆地区资源型产业发展的现状、存在的问题以及在生态化发展中存在的主要差距。

第四，通过比较分析和归纳总结，对不同的园区与采用的治理模式以及适宜条件做匹配，从而确立新疆地区资源型产业发展的模式。

第五，采用系统分析法，提出新疆地区资源型产业生态化的对策建议。

1.6 主要研究贡献

本书的创新之处和理论贡献体现在如下三个方面：

（1）从新的视角切入，依据园区产业分布和生态链接的特征，归纳出中国产业园区的四种类型

本书总共收集了30个有代表性的案例进行分析测算。与我国有关部门对产业园区的划分不同，根据园区主要产业的数量和关系，将我国改革开放以来的产业园区划分为如下四种类型。

单产业主导型园（区）。该类型园区主要围绕某一个产业设计生产者——消费者——分解者的关系进行运营。

多产业混合型园（区）。该类型园区内有两个以上产业，根据生态化的发展模式构建产业网络，产业之间可以有关联，也可以彼此独立发展。

资源再生型园（区）。该类型园区主要以来自外部的废弃物/副产品作为园区的资源输入，通过构建副产品的循环链形成产业生态网络。

农业生产社区。不同于侧重生产的生态产业园区，农业生产社区在农业生产活动的基础上，为社区生活提供物质基础，是一种将农业生产和生活整合于一体的生态区域。

（2）通过建立产业园区内企业网络链接的方法，识别出五种典型的资源型产业园区的生态化治理模式

将社会网络分析技术创新性地应用于产业园区测算，绘制出30个资源型生态工业园区案例的生态化网络图并计算案例的网络参数，最终总结归纳出针对资源型产业园区的五种基本治理模式，即副产品链拓展治理模式、废弃物集中分解治理模式、产品加工自循环治理模式、固废再利用主导型治理模式和主产品链延伸治理模式。这五种治理模式是资源型产业生态化发展方式的一种创新性的归纳总结，目前国内尚无系统性的研究，可以作为工业生态化原理新的补充，同时也可为资源产业园区的生态化改造提供新的思路和依据。

（3）归纳出不同资源型产业园区生态化治理模式的特征以及治理规则，并给出相应的适用条件，应用于新疆地区，提出适合我国新疆及西部地区的生态化治理模式

依据产业生态网络的量化结果，综合分析整体网络密度、网络平均距离、网络向外中心度、网络向内中心度、产业网络节点的中心度等指标数据，归纳出五种资源型产业园区生态治理模式的特征，从主体增加、物质交换关系构建、治理模式结构等方面提出具体的治理规则，并给出每种治理模式的适用条件。这些成果对目前我国的生态化研究缺乏规律性的结论，是一种新的探索，期望可以完善现有资源型产业生态化治理的理论规律。

同时，本书还在分析新疆地区资源型产业发展现状以及产业园区开展循环经济情况的基础上，提出将农副产品精深加工、棉纺/纺织/轻纺、光伏和风电产业列为新疆未来需要重点开展生态化治理的资源型产业。经过匹配分析后提出：新疆煤炭、石化、棉纺与化纤、光伏与风电等资源型产业可以采用的治理模式，首选生态化治理模式为副产品链拓展模式，与新疆的农副产品深加工产业在不同类型的园区中首选的生态

化治理模式存在区别，对于利用工业生产和社区生活所产生的各类固废等废弃物，可以新建资源再生型园区，采用固废再利用主导型的生态化治理模式。本书是从生态化治理的新视角来分析新疆地区的资源型产业的发展问题，可以为新疆及西部资源依赖地区现有的产业园区提供生态化改造的新思路。

2 国内外相关研究述评

2.1 资源型产业发展相关研究述评

资源型产业（Resource-based Industry 或 Resource-oriented Industry）的相关研究源于20世纪30年代，随着资源与发展问题的日益凸显，自60年代起，理论界开始对其进行系统研究[1]。研究起初多集中于地域广阔、资源丰富、资源型产业问题相对突出的发达国家，近年来国内外学者对资源型产业及资源型产业集群的相关问题进行了多方面论述，并取得颇多进展。

2.1.1 资源型产业、资源型产业集群的界定

资源型产业是以资源（主要指地下的矿产资源和地上的动植物资源）为基础和依托[2]-[6]，从事不可再生自然资源开发和加工的产业[7]。根据相关产业对资源的依赖程度，可把资源型产业分为资源依赖型产业、资源依附型产业和资源依从型产业[8]。

“资源型产业集群”的提出是中国产业集群研究的产物，国外尚未对其有明确的定义。目前对资源型产业集群（Resource-based Industrial Clusters）的概念界定普遍集中于两种视角——以资源型产业的角度或以产业集群的角度。资源型产业视角的研究者认为，资源型产业集群是以自然资源的开发和加工为主体，以资源产业为核心，由众多相互合作和竞争的企业（或组织）集聚在资源产地而形成的经济群落[9]-[11]，其通过深度专业化分工，形成完整的价值链条，是一种健全产业支撑体系的、带动区域经济协调发展的产业组织形式[12]-[14]。

产业集群视角的研究者认为，资源型产业集群类似于产业集群中的自然资源主导型产业集群（Natural Resource-based Industries）[15][16]。也有少数研究者认为这两种视角兼而有之，指出资源型产业集群既是根据自然资源的开采而兴起或发展壮大的相关企业（或机构）在一定的地理位置上积聚，也是地理分布集中、彼此相互依赖且资源型产业占有较大份额的企业（或机构）集群[17]。

2.1.2 资源型产业发展的相关问题研究

在资源型产业发展的研究领域，学界的研究人员虽持有各自不尽相同的研究视角与目的，但仍普遍聚焦于如下几个方面：

（1）资源型产业发展中的“资源诅咒”现象

资源型产业对区域经济社会可持续发展起到重要作用，资源型产业的资源禀赋优势是形成竞争优势的基础和来源，然而“资源诅咒”现象却是资源型产业发展的一大阻力[18]。“资源诅咒（Resource Curse）”是一种丰富的自然资源反而拖累经济发展的现象，目前学术界主要从贸易条件、“荷兰病（The Dutch Disease）”、人力资本、寻租等方面阐释“资源诅咒”[19]，认为其不利于资源型产业集群的形成，延缓、阻碍了资源型产业的发展，引起人才外流[20]、教育水平低下[21]、资源分配效率低[22]等一系列问题，甚至导致资源型产业的衰退和解体。

诸多学者对这一现象进行了深入探究，通过实证方法验证了“资源诅咒”假说的存在[23]-[27]，并提出可以通过推动和促进产业集群建设、构建收益分配机制、发展循环经济、提升技术创新和产业附加值、因地制宜、协调当地实际发展与开发速率等方式规避或减轻“资源诅咒”现象带来的影响[28]-[31]。

(2) 资源型产业如何实现循环经济发展的问题

在资源型产业循环发展方面，研究者们认为资源的过度消耗无法得到有效的补偿，这是影响可持续发展的最严重问题[32]。建立循环经济工业园区与集群是改善环境、实现可持续发展的重要途径[33]-[35]，是适合依赖资源型产业的地区实现经济跨越式和谐发展的最佳产业组织模式[36]。研究者们针对矿产等产业提出了资源型产业循环经济的发展路径、长效机制及政策性建议[37]-[38]，指出构建资源型产业利益主体共享机制、政府政策引导、产业合理规制、实行循环产业集群模式、实施生态补偿等方式对资源型产业可持续发展会起到重要作用[39]。

(3) 资源型产业发展中的利益分配的问题

现有研究还聚焦于资源型产业发展过程中的利益分配问题，研究者们认为应明确资源权益主体的权责和利益范围[40]-[43]，构建和完善资源型产业利益共享机制，并以不同地域为样本论证资源税、价格政策等金融政策对欠发达地区资源型产业的负面影响及改革建议[44]-[45]。

(4) 资源型产业的升级与转型的问题

资源型产业的快速发展和扩张带来了一系列经济结构和行为方式的低级化现状，日益加深的路径依赖造成诸多发展的问题和障碍[46]，资源消费和产业结构的不合理现象日益凸显[47]，资源型产业的进一步发展有赖于产业的升级和转型。

研究者们已对此进行了多方面的研究与实践工作，总结了不同的产业转型类型，并对我国今后实现资源型产业结构转型与升级提出依靠市场机制、深化市场体制改革、改进政府职能、完善公共服务体系、政策措施吸引、提升技术创新和产业附加值、提高资源和能源利用率、提升产业竞争力、实施环境一体化产业政策、专业化和多样化相结合分散产业发展的风险等多方面建议[48]-[54]。

(5) 资源型产业实现集群发展的问题

研究者们普遍认为具有竞争优势的产业，其企业多呈现群聚状态[55]，因此产业集聚作为区域经济发展的关键因素，越来越受到关注。

目前此领域的研究普遍聚焦于资源型产业集群的形成因素及特点、其环境外部性效应、其发展机制及路径等方面[56]-[60]。

综上所述，目前对资源型产业发展的研究有两个主导方向。其一，对资源型产业发展存在的外部性现象的研究。研究认为，资源型产业的发展一方面带来短时期的财富快速聚集和经济发展，另一方面造成生态环境的破坏和资源的过度损耗。其二，对资源型产业发展中存在问题的对策研究。研究提出，只有促进产业集群的形成、发展循环经济、提升技术能力、完善制度环境等，才能降低资源型产业发展对环境和资源的破坏，实现可持续发展。

比较国内外的研究发现，不同于发达国家的研究重点，我国学者更倾向于立足当前我国资源型产业大规模开发的实际状况，解决发展过程中的现实性问题。他们在资源型产业集群、资源型产业循环发展、资源开发过程中的利益分配等领域有较大突破，但是专门针对资源型产业生态化治理的问题尚缺少研究。

2.1.3 资源型产业发展研究运用的相关分析方法

现有的研究根据其不同的视角和需求，对资源型产业的研究采用不同的分析方法。常见的定性分析方法包括：波特案例分析法、企业行为识别和“望闻问切”法；定量分析方法包括：区位熵法、空间基尼系数法、加权变异系数法、投入产出分析法、主成分分析法、多元聚类法、图论分析法、网络流方法、集聚度分析法和“RIS模型”法等[61]-[65]。以下展开介绍两种主流的分析方法。

（1）偏离-份额法（Shift-Share Method，SSM）

偏离-份额法是目前广泛被国内外学者们用于分析产业结构变化和区域经济差距的数学方法。把某一时期内区域经济的总量分解为份额分量、结构偏离分量和竞争力分量，以此说明区域经济发展和衰退的原因，评价区域经济结构优劣和自身竞争力的强弱，找出区域具有相对竞争优势的产业部门，进而确定区域未来经济发展的合理方向和产业结构调整的原则，能较准确地确定区域内产业的发展状况与全局相关产业相比竞争力的大小，具有较强的综合性和动态性。诸多学者使用对不同地区的资源型产业结构变动进行了实证分析[66]。

（2）社会核算矩阵法（Social Accounting Matrix，SAM）

社会核算矩阵法是新引入此领域的一种研究方法。SAM乘数分析将国民经济账户区分为内生账户和外生账户，考察某个内生账户受到外生注入的冲击后对整个经济系统产生的连带影响。卢启程认为，优于传统的投入产出法，使用SAM乘数分析法及结构化路径分析法研究区域产业关联关系，不仅反映了生产部门间的联系和收入的初次分配，而且反映了生产活动与要素、居民的联系和收入的再次分配状况。这种新的研究方法在2012年“资源型产业升级和产业结构调整”学术会议上得到高度认可，并认为这样的分析结果对于地区产业关联分析、主导产业选择以及政策制定具有较大的参考价值。

本书根据研究的对象和内容，主要选用多案例多角度验证的归纳法和社会网络分析法进行归纳总结，并得到了比较理想的研究结论。

2.2 产业生态化发展相关研究述评

2.2.1 产业生态化的概念

产业生态化是将循环经济理念应用于产业的发展中，是对于产业体系和自然体系相互关系的系统分析。这种分析最早可以追溯到20世纪60年代麻省理工学院（Massachusetts Institute of Technology）的杰伊-福雷斯特（Jay Forrester）的研究，多内拉（Donella）进一步发展了这一思想，他们提出由于环境的恶化，使得产业不可持续化发展[67]。罗伯特（Robert）和艾雷斯（Ayres，1989）提出“产业代谢（Industrial Metabolism）”的概念。所谓产业代谢是指产业所使用的材料和能源，通过产业系统的物质流的转化，最后作为废弃物退出系统。艾雷斯（Ayres，1989）指出经济活动不是孤立的，而是生态系统中的一个开放的子系统，产业经济活动总是处于自然生态系统中。产业代谢常用的两种分析方法是生命周期分析法和物质流分析法，通过分析产业活动涉及的物质与能量流动过程，就可以把导致产业浪费和污染的产品和过程识别出来，从而评估产业代谢对环境的影响[68]。

罗伯特-弗罗施（Robert Frosch）和尼古拉斯-加洛普洛斯（Nicholas Gallopoulos，1989）发表了《制造业战略》（Strategies for Manufacturing），在产业代谢理论的基础上，首次提出“产业生态系统（Industrial Ecosystems）”的概念，他们以生物功能“模拟”产业生态系统，强调了产业发展与自然的唇齿相依的关系，从而进一步发展了产业生态化的概念。在产业生态系统中，一家企业的废弃物可能是另一家企业的生产资源，一体化的产业系统不应给自然系统带来负面影响[69]。

20世纪90年代以来，产业生态化发展逐渐引起学者与政策制定者的广泛关注，研究内容逐渐扩展，从产业布局到企业清洁生产等，研究的方法也逐渐丰富，如环境分析、生命周期分析、环境会计等，讨论的内容也逐渐扩展到产业生态与经济、法律和公共政策等方面。

虽然对于产业生态化的研究内容丰富，但是就其内涵的认识还没有达到一致。具有代表性的界定如下所示：

美国国家科学院（the National Academy of Sciences of the United States of America，1991）提出产业生态化是“对各种产业活动及其产品与环境之间的相互关系”的研究[70]。索科洛（Socolow）（1994）认为，产业生态化是产业与自然的相互关系，以及单个产业与自然环境关系的总和[71]。格雷德尔（Graedel）和艾伦比（Allenby）（1995）将产业生态化定义为：在产业系统与环境系统统一的前提下，从资源、能源、资本到原材料、生产过程、最终产品，以及废弃物处理等的优化[72]。电气和电子工程师学会（IEEE）（1995）发布白皮书指出产业生态是以多学科综合的方法对产业和经济系统及其与基本的自然系统之间相互关系的跨学科研究[73]。埃克曼（Erkman，1997）认为产业生态化研究了产业系统如何运作、规制，生物圈如何相互作用，以及如何调整产业发展使其与自然生态系统相协调[74]。西格尔（Seager，2002）认为产业生态化是涉及人类的产业系统和自然系统相互关系的研究，产业代谢是经济处理或转换物质、能量的过程，产业生态系统是以自然为基础的企业系统模型[75]。格雷德尔（Graedel，2003）和艾伦比（Allenby，2003）进一步完善了产业生态化的概念，认为应协调地看待产业系统与周围环境的关系，对整个物质周期进行优化[76]。

此外，很多组织机构都从不同的角度对产业生态化进行了研究，认为产业生态化是对产业和生态关系的系统研究，是对物质、能源流动和转移的研究，是对降低产业发展对环境影响的研究，以及对产业与环境协调发展的研究，目的是实现可持续发展。

在我国，产业生态化的概念最早见于刘则渊（1994）的研究，其将产业生态化定义为，将以物质生产过程为主要内容的产业活动纳入大生态系统中，把产业活动对自然资源的消耗和对环境的影响置于大生态系统物质、能源的总交换过程中，以实现大生态系统的良性循环与持续发展。产业生态化本质目标就是在人类生存和发展的自然生态环境可再生的基础上，达到人—社会—自然之间的协调、持续发展[77]。秦曼等（2018）认为产业生态化不仅体现产业与自然的和谐发展，还应体现产业系统内部要素间的充分协调，包括产业结构、产业组织、产业生产方式、产业技术等多个层次[78]。王珏晗（2019）将产业生态化的研究分为宏观、中观和微观三个空间尺度，宏观尺度的研究主要关注国家或区域的产业生态系统发展水平；中观尺度的研究多聚焦于产业集群，关注产业生态化发展不同阶段的特征及演进；微观尺度的研究主要通过文本挖掘和案例分析，关注企业的产业生态化发展战略和清洁生产实践[79]。

陆根尧等（2012）将产业生态化的概念分为：狭义的产业生态化和广义的产业生态化。狭义上是指构建模仿自然生态循环的产业系统，广义上是指在理念与原则层面上追求更高的资源使用率，以实现产业与环境的和谐统一，建立一个能够促进和实现社会经济系统与自然生态系统之间物质与能量和谐流动的产业体系，使所有产业都符合生态规律和经济规律的要求[80]。

陈洪波（2018）认为产业生态化是从产业组织管理的角度出发，进行生产流程的生态化改造，引入环境友好型新技术，通过各类资源的循环利用，在实现产出增加的同时保持良好的生态环境效益，是产业发展到一定阶段提质增效的必然要求[81]。

在理论方面对产业生态化的研究还处在初级阶段，研究的侧重点不同，因此产业生态化的内涵不尽相同，但是对于产业与环境的协调发展关系的认识却是一致的。上述研究都为本书界定新疆产业生态化发展的内涵提供了有益的参考。

2.2.2 产业生态化发展目标与评价方法

产业生态化研究是为了促进产业系统和生态系统的协调发展，因此建立一个促进经济系统与自然生态系统之间物质、能量协调发展的产业体系是产业生态化的本质目的[82]。而在经济活动中所投入的资源，除太阳能外，都是不可再生资源，因此实现产业可持续发展是产业生态化发展的首要目标。所谓可持续发展是“在不牺牲下一代利益需求前提下满足当代的需求”[83]。Gregory 指出产业可持续发展首先在于资源的可持续利用。产业生态化发展是促进可再生资源的持续化利用和不可再生资源的最小化使用。资源的充足供应是产业发展的基础，而产业生态化发展则要求在此基础上实现资源的高效利用。资源的有限性，意味着无论是否为可再生资源，都应高效使用，从而实现产业的长期、可持续发展。另外，产业可持续发展在于生态的健康发展。人类是相互作用的复杂生态系统中的一个组成部分，并与系统中其他部分相互作用，因此产业生态化发展不能对生态系统造成灾难性伤害，甚至危及地球生命[84]。Juliette Cerceau 等（2014）认为产业生态化的目标是通过促进同一地区利益相关者的紧密联系，从而优化资源管理[85]。

产业生态的研究是以工程学、生态学、经济学、社会学等为基础的，因此其在研究方法上也是多学科的应用，目前的生命周期评价（Life Cycle Assessment）、系统分析是产业生态化研究的基本方法。环境毒理学与化学学会（SETAC）将生命周期评价定义为一个用于评估与产品、过程或活动相关的环境影响的方法。具体包括：库存分析（对释放到空气、水和土地等环境中的能源和资源的识别和量化）、影响分析（具有定性和定量的技术特点，对环境影响的评估）、改进分析（对降低环境影响相关机会的评价、设计战略）[86]。Mattila 等学者（2012）详细讨论了如何运用 LCA 对工业共生系统进行环境评价[87]。颜维成等（2017）探讨了合理分配利益的途径与方法，为保障房地产业生态价值链的长期动态平衡性提供了对策建议[88]。

生命周期设计（Life Cycle Design）和环境设计（Design for the Environment）是对产品生命周期分析方法的延伸研究。生命周期设计方法是面向系统的方法，以设计更生态、更经济的产品系统。这一方法将产品发展周期与物理周期耦合，根据环境整体要求设计每一阶段的产品，从而降低产品等对环境的影响。环境设计也是一种降低环境影响的产品设计方法，这种方法与生命周期设计的区别在于某一特定的产品或过程，如制造性、可测性、可靠性，或其他“下游”的设计[89]。

系统分析，通常以数学模型分析系统内各组成部分的关系。其重点是建立目标函数、约束条件，并找到满足数学模型的目标函数值。因此，系统分析设计工具，可以帮助决策者集中考虑一个目标下的所有系统元素，在分析过程中重点在于评价指标体系的建立和模型的选取。王建军等（2015）构建了园区产业生态化水平评价指标体系和模型，并对产业生态化水平进行等级划分[90]。在实践中，王晶等（2012年）运用数据包络分析法（DEA），引入了投入、合意性产出、非合意性产出等指标对鄱阳湖生态经济区的产业生态化效率进行评价[91]。陆根尧（2012）运用主成分分析、因子分析和聚类分析相结合的方法对30个省份的产业生态化水平进行静态和动态分析[80]。刘淑茹和贺萍（2018）采用主成分分析法对现实2001年至2015年的工业生态化水平进行研究[92]。

与LCA方法相比较，系统分析法的适用对象更弹性化（从单一产品、过程到整个产业或区域都适用），决策更优化（定量研究而非描述性模型）。LCA的描述性模型所要求的数据比较广泛，而系统分析法可以将约束边界之外或与决策无关的数据忽略。因此，LCA更适用于以具体物质流为重点的产业代谢分析，而系统分析更适用于以相互关系为重点的产业生态化研究。

常用的方法包括：总成本评估法和能值评估法等。总成本评估法综合考虑商业目标与环境目标，是衡量清洁生产的成本技术工具[93]。能值评估法可以将产业生态系统中存储与流动的各类物质和能量转换为同一客观标准的能值，便于定量分析研究。李春发等（2013）运用能值分析法，对天津滨海新区的产业生态系统1995—2011年间的能值流量、由经济发展带来的环境压力及其与可持续发展的关系进行了研究[94]。

近年来国外学者在研究方法上还有新的突破。Léda Gerber等（2013）提出了设计和整合能源系统的系统方法，将流程设计、流程整合、生命周期评价和多目标优化等方法结合在一起[95]。

从上述研究中看出，学者对产业生态化发展目标的认识趋于一致。国外对于产业生态化评价的理论研究较多，国内则较注重实证研究，近年来从动态角度分析的文章数量明显增加，但是缺少一个完整的理论体系做支撑，因此，研究有待进一步加强。

2.2.3 产业生态化发展模式及治理

产业生态化模式分为微观、中观和宏观三个层面。在微观层面具有代表性的是“杜邦模式”，杜邦公司遵循循环经济的3R原则，通过延长产业链条，重组各工艺之间的物料循环系统，采用新工艺减少原料和能源的使用量，力争将废物与排放物降低为零。

中观层面表现为产业生态园，该模式是本书研究的重点。随着Ernest Lowe（1995）提出“产业生态园”的概念后，产业生态园成为产业生态化发展的实践。他将产业生态园定义为：以管理材料、能源等实现生态与经济的协调发展，从而使得由制造业和企业构成的企业群体获得更大的利益的总和[96]。产业生态园的模式可以在资源约束的条件下，减少材料、能源等利用对环境的影响，并促进企业间废弃物的再利用，从而实现产业生态化发展。

比较成功的案例如：20世纪70年代，丹麦卡伦堡（Kalundborg）工业园区建立了“工业共生”的模式，将发电厂、炼油厂、壁板厂、硫酸厂、水泥厂、种植业等的废弃物进行再利用合作，以降低成本、达到环保法规要求。这种共生模式的基础不是政府法令，而是通过环境管理制度的制约，工厂间基于价格、基础设施的共享等进行谈判和协商，最终促成了各方合作的可能性[97]。

此外，如加拿大英属哥伦比亚州的范库弗峰园（蒸汽制造厂、造纸厂、包装厂）和安大略湖的康沃尔园（发电厂、蒸汽制造厂、造纸厂、化工厂、食品厂、电子设备厂、塑料厂和混凝土预制板厂等）都是成功的案例。

宏观层面主要表现为：日本的循环型社会模式。日本在循环型社会建设方面主要体现为三个层次：第一层次是法律体系建设，有规划地制定一系列的环境保护法律法规，构筑全方位法律体系，包括基本法、综合法、专项法；第二层次是企业责任建设，要求企业自觉进行资源的循环利用，承担为环保所支付的费用，实现环境成本的内部化；第三层次是改变人们的观念，加强宣传、提高认识，例如：倡导消费者对垃圾进行分类处理，有义务对政府和企业行为进行监督，使建立生态型经济社会成为全民族的共识[98]。

产业生态化的发展模式在我国理论和实践方面的研究也比较丰富。例如，王钰晗等（2019）以广东省为例，对产业生态化程度进行评价[99]；秦曼等（2019）则对海洋产业的生态化水平进行了研究[100]；胡梅梅等（2021）则针对某一细分产业构建了生态化指标评价体系[101]。

此外，王兆华和武春友（2003）、龚晓宁（2003）、孙大鹏（2004）等从产业生态链、价值链、工业链的角度分析产业生态园的特征[102]-[104]，武春友、邓华等（2005）对产业生态系统稳定性的影响因素进行研究，总结出了结构、技术、外部三个维度的因素[105]。尹坚（2013）提出了升级产业生态化路径的原则[106]。徐可轩和秦光远（2023）以江苏省为例对产业生态化和生态产业化进行了协同发展的研究[107]。

在实践方面，我国已经实施产业生态化思想的有山东鲁北建材化工生态工业园、天津钢铁生态示范工业园等[108][109]。此外，我国学者还结合地域特点提出了资源型产业生态化发展模式、城市区域经济产业生态化模式、传统服务产业生态化模式、林业产业生态化发展模式、以产业集群为载体的内外部协同发展的区域产业生态化发展模式、产业集群生态化发展新模式和“新产业区”生态化发展模式等[110]-[119]。

由此可以看出，2001年后我国对产业生态化实施路径的研究显著增加，研究角度多样；在实践方面，结合具体实际对不同产业和区域提出有针对性的发展模式，但多数进行的是定性分析，缺少对产业生态化发展模式选择的定量研究。

国内外的学者尚未开展对产业生态化治理的研究，部分学者提到了生态化治理，但是从产业尤其是从资源型产业的角度开展的研究比较缺乏。根据前述给出的治理概念，本书将产业生态化治理界定为：产业发展的权威主体或者具有平等地位的主体之间，为了实现产业链条上下游之间更加符合自然界生态规律的互联共生关系，在现有产业链的基础上，明确界定各自的职责和关系约定，形成特定的关系网络和物质流以及能量流关系，对产业网络上的各种活动开展控制、协调和维护的过程。产业生态化治理是生态化发展的一种高级形态，是在产业生态化运作具有一定基础后，推动现有产业关系达到更加协调和互联状态的一种发展方式。

可以认为，产业生态化是比较新的交叉学科的研究领域，虽然系统的研究成果不多，但是现有的理论和实践成果为本书的研究提供了大量的可借鉴之处，也为研究新疆地区产业生态化发展提供了重要的理论基础。

2.3 新疆地区产业发展相关研究述评

2.3.1 新疆产业竞争力评价

在新疆产业竞争力评价方面，主要采用层级分析法、因子分析、灰色系统和偏离-份额法，使用地区产业和经济统计数据进行评估。例如：孙慧等（2011）利用工业总产值、资产总计、税金总额等11个指标对黑、新、鲁、陕（黑龙江省、新疆维吾尔自治区、山东省和陕西省的简称）四个省区的石油产业集群竞争力进行比较研究，新疆的石油产业排名第四位[120]。孙慧等（2011）也对新疆的黑色能源产业集群的竞争力进行评价，结果发现在新疆的黑色能源产业集群中，石油化工产业集群的竞争力远强于煤炭产业集群的竞争力[121]。此外，唐小玉等（2011）也对新疆的石油产业进行了综合评价[122]。余松等（2021）基于区域竞争力视角和层级分析法，剖析了江苏、浙江、山东、江西、安徽以及新疆6省棉花加工业产业竞争力情况，我国棉纺织业发展态势良好，江西、安徽和新疆等省份棉纺织业近年来的发展较为迅猛[123]。

除了层级分析法之外，刘林军和吴黎军（2010）使用因子分析法，使用地方财政收入、规模以上工业增加值等8个主要经济统计指标，分析新疆15个城市（地区）的产业综合实力[124]。孙慧（2011）采用灰色聚类、偏离-份额法分析了新疆的优势产业和主导产业[125][126]。王力和李婕（2018）采用熵值法评价了新疆生产建设兵团的棉花产业竞争力，并利用聚类分析法将植棉师划分为产业技术联合推动型、稳健型和传统要素驱动型[127]。周健和和桂娟（2022）采用熵权-TOPSIS法构建了16个指标，对新疆各州市的旅游资源、旅游环境、旅游产业和旅游设施这四方面进行了旅游产业竞争力的评价[128]。

从上述的研究中发现，在现有的产业竞争力评价中，采用的指标并没有体现出产业生态化的水平，例如：都是一些常见的统计指标，包括工业总产值、利润总额、成本费用利润率等。这表明对新疆资源型产业的评价还局限于传统的经济评价思路，并没有融入循环经济、生态化等理念。

2.3.2 新疆产业结构研究

学术界对新疆产业结构的研究主要是从结构优化的角度出发，使用格兰杰因果关系检验、偏离-份额法等计量经济方法来分析产业结构演变的路径。例如：任凤等（2011）运用加权变异系数对1995年以来新疆的区域经济差异进行产业分解，发现新疆第二、第三产业的加权变异系数明显高于人均GDP加权变异系数，第二产业差异是造成新疆总体差异的关键因素[129]。翟健强（2011）采用灰色系统理论对2000—2008年新疆三次产业的投资和地区生产总值进行关联分析[130]。田坤明（2011）用格兰杰因果关系检验分析金融相关比率（FIR）和产业结构优化率（ISR）的关系[131]。雪合来提·马合木提等（2012）运用DPG模型分析了新疆产业结构演变的影响因素[132]。陈曦等（2017）利用就业产业结构偏离度、产业结构贡献方程和偏离-份额分析法，探究包括新疆在内的西北五省的产业结构演变对其经济发展的影响[133]。宋香荣和张坤（2023）运用泰尔指数、摩尔值、偏离-份额法较为全面地分析新疆地区产业结构的发展情形并提出了优化建议[134]。

刘媛媛（2013）根据区域产业结构优化理论，运用投入产出分析法识别出与新疆工业主导产业——石油、天然气产业技术经济关联度最高的16个产业，提出优化新疆产业结构应从这16个产业入手，形成石油、天然气产业集聚，并逐步向第三产业发展，以达到产业融合[135]。周灵（2018）通过LMDI影响要素分解法发现新疆产业规模、能源强度变化导致地区碳排放量增加，调整产业结构可以促进地区碳排放量下降，而能源结构对地区碳排放量影响有限[136]。

分析国内对新疆产业结构优化的最新研究成果，可以看出研究思路主要还局限在以产业现状为起点，研究产业的总量扩展较多，而对通过计量经济分析产业结构演化规律，结合不同的资源型地区及其产业发展特点的研究不足，较少突出资源型产业可持续发展的趋势。

2.3.3 新疆产业与经济和环境效益等发展关系研究

在新疆产业与经济发展关系研究方面，代表性的研究包括以下两方面：

（1）经济对产业发展的影响。高志刚（2010）使用Chow Test检验研究新疆在各时期各产业产值对经济增长的贡献程度，以及新疆经济增长对各产业产值的影响[137]。李生军（2012）选取具有代表性的金融指标来对现代产业体系中金融的作用进行实证研究，结果表明基础设施的建设、人力资本的积累、市场化的推进和外资的引入及金融发展共同促进了新疆现代产业体系的建设[138]。段秀芳和刘文佳（2021）通过面板回归分析地区生产总值、城市化水平和进口贸易额对外商直接投资的影响，发现新疆的地区生产总值对外商直接投资的流入有显著的促进作用，而城市化水平促进了南疆地区外商直接投资的流入，进口贸易额对外商直接投资整体上有明显的促进作用[139]。

（2）经济对产业结构的影响。唐红梅（2011）使用偏离-份额分析等方法，发现新疆经济增长的产业结构因素的影响比竞争优势的影响更大、更稳定[140]。尔西丁·买买提（2012）通过构造一个由消费结构、城镇居民收入水平、第二产业结构和第三产业结构四个变量组成的

VAR模型，发现新疆城镇居民消费结构会影响第二产业结构的转换[141]。魏巍等（2023）利用灰色综合关联度对新疆经济增长与产业结构变化的关系进行实证分析，发现人均实际GDP增长率与三次产业实际产值占比增长率、三次产业就业人数占比增长率均具有关联性[142]。

关于新疆产业与环境效益的研究主要集中于产业结构对生态环境的影响。安梅梅（2011）通过计算产业结构对生态环境的影响指数，反映新疆各产业单位产值与生态环境影响之间的比例关系，指出新疆工业化的特征是以重工业为主的工业化道路，建立了依托资源优势，以能源、原材料为主的重型工业结构的资源型产业体系，但是这种工业结构对环境的不良影响非常大[143]。李芳等（2013）选取产业耗水量、产业能源消耗量、工业三废排放等指标分析产业结构调整的资源环境效应特征，并采用计量经济学方法模拟了新疆产业结构调整所带来的资源环境效应与响应情境[144]。李芳等（2014）基于变参数状态空间模型，以新疆绿洲为例，分析资源环境对产业发展的约束[145]。许志明等（2023）构建资源开发与产业结构逆向演进的“反工业化”挤出模型，分析新疆资源开发对产业结构逆向演进的影响[146]。

从上述的研究可以看出，学者们偏重研究经济中的各种因子对产业发展产生的影响以及产业发展和环境效益之间的相互作用，鲜有提出关于加强有益影响、减少不利影响的治理方式的研究和结论。

2.3.4 新疆产业生态化研究

对资源环境的不断重视，导致学术界开始关注新疆产业生态化方面的研究，但是可供借鉴的成果较为单一。肖春梅和努尔夏提分别从“资源诅咒”（Curse of Resources）的视角，认为新疆资源型产业集群不合理的结构模式降低了企业之间的网络密度，基于自然资源（如石油、天然气、煤炭）发展起来的集群表现为比较单一的产业结构[147][148]。刘彪（2011）以低碳经济为视角，分析了新疆风电产业发展的现状[149]。陆根尧等（2012）运用多种分析方法对我国各省的产业生态化水平进行了静态分析与动态分析，认为新疆地区为产业生态化的落后地区[80]。王磊和李黎（2016）从产业生态化的根本内涵出发，构建包括节点层、网络层和外围层三个层次的资源型产业生态化发展的影响因素理论模型，讨论新疆资源型产业生态化发展的主导因素[150]。王磊（2018）从宏观、微观两个角度建立经济绩效模型，分析了新疆各资源型产业生态化发展对区域经济增长和提升微观企业利润的作用[151]。

张娜和牛翠萍（2017）基于生态足迹测度新疆经济可持续发展的动态演进，提出了优化产业结构、开发新能源、提高全要素生产率及能源生态效率以减少生态足迹、保护并恢复生态承载力的对策建议[152]。奥布力·塔力普和乌斯曼·尼牙孜（2021）运用生态足迹法和数据包络分析法对新疆可持续发展能力和效率进行了分析，发现随着时间推移，技术效率、纯技术效率和规模效率逐年趋向于有效[153]。陈闻君和吕模（2023）运用Granger、脉冲响应函数、方差分解对“双碳”目标下新疆能源、经济、环境三个子系统的动态关系进行了分析[154]。

从上述各个方面的研究综述可以看出，目前学术界已经意识到新疆资源型产业发展的不可持续性问题，近两年关于新疆地区生态化的研究逐步增多，但是还缺乏有效的解决路径和模式，表明本书具有实践意义，也具备挖掘理论创新点的基础。

3　案例研究设计

产业生态化目前已经在各国的实践中广泛发展，存在许多可供借鉴的案例，例如国内的贵港生态工业园和国外的卡伦堡工业园区等等。本书将案例研究和社会网络分析法相结合，从案例中提取结构化的信息和数据，总结产业生态化治理的规则，为后续设计新疆的资源型产业生态化治理方案提供了理论依据。

3.1　案例总体思路与方案

3.1.1　拟解决的问题

治理是权威主体或者市场主体对其他主体进行控制、协调的一种活动。西格（Seager）（2002）最早提出工业生态的治理模式[75]，雷蒙德（Raymond）（2012）提出工业生态存在自组织产业生态、规划型的产业生态，以及介于两者之间的中间模式[155]。两位学者都没有具体解释和论证不同治理模式下的工业生态的特征和具体表现。

从产业发展的规律来说，多数产业生态的发展往往是在一个一般的产业网络中增加生态型企业来完成改造，这个过程往往会体现权威主体的意愿，或者需要遵循市场发展的规律，因此产业生态化的治理就是一个普遍存在的问题。即使某些产业从发展初期就采用生态化发展模式，发展到后期也需要继续完善生态化的水平，同样也需要在前期发展的基础上进行治理。

基于上述分析，本章采用案例分析法来解决的关键问题是：资源型产业是否存在可以明显区分开的生态化治理模式，这些治理模式与产业的属性之间的关联关系如何？如果存在不同的治理模式，那么是否可以从案例中总结归纳出能够有效指导资源型产业生态化治理的规则？

3.1.2 总体研究思路

针对上述案例研究拟解决的关键问题，设计案例分析的总体思路（如图3-1所示）。本书将采用个案分析与总体信息统计汇总相结合的方式，进而归纳资源型产业生态化的治理规则，同时综合案例文本描述、社会网络分析和统计分析的结果，最终总结出生态化治理模式、适宜条件等结论。具体的思路描述如下：

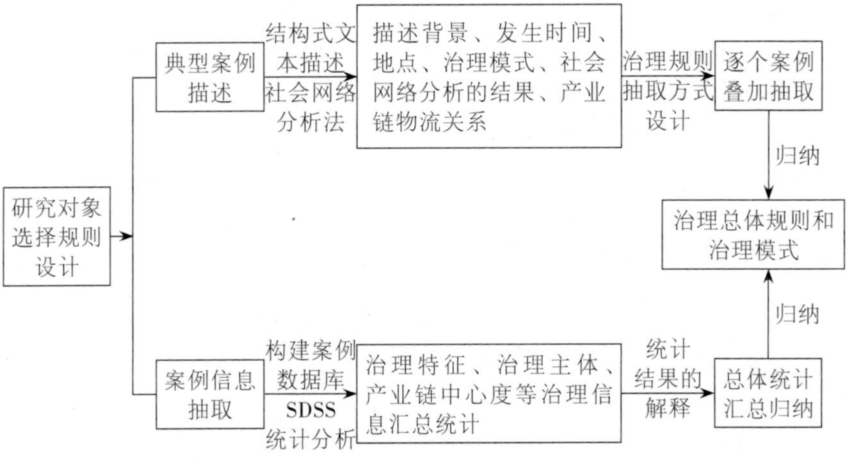

图3-1 案例分析总体思路

第一，针对研究解决的关键问题，设计出符合研究需要的对象特征，并根据该特征采集原始案例信息。

第二，设计出结构化描述案例信息的规则，采用统一的框架来汇总每个案例的原始信息，同时按照社会化网络分析的要求，收集资源型产业生态化治理主体以及主体之间关系的数据和信息。在案例信息采集的基础上，设计出案例分析数据库，构建时间、国别、治理模式等关键变量，形成可以完成统计分析的变量数据文件。

第三，从收集的案例中，遴选出典型案例作为本书的主分析案例，其余为辅助案例，并使用UCINET社会网络分析软件，计算相关的社会网络分析结果。

第四，按照预先设定的治理规则抽取方式，采用逐个案例叠加式抽取治理规则，即不区分典型案例的关键度，用随机排序的方式，从首个案例抽取治理规则，后续案例具有相同治理特征的情况作为该治理规则的重复证据，后续案例具有不同治理特征的情况作为第二个治理规则叠加到前一个案例抽取的治理规则上。如此，经过遍历30个主分析、辅助分析案例，最终归纳出逻辑上统一的治理规则。

第五，使用案例分析数据库，采用SPSS软件进行分析，通过交叉列联和相关性检验等方法，从案例总体上归纳资源型产业园区的治理模式。

第六，将第四步和第五步的结果汇总，概括出总体的资源型产业园区生态化的治理特征、适用条件和治理规则。

3.1.3 采用的研究方法

根据案例研究类型的划分，本书采用群组多案例的研究方法。采用此类研究方法的主要原因是可以充分利用现有产业生态化发展的信息，通过结构化的设计来收集信息和数据，能够采用定性和定量相结合的方式来解决问题。

为了避免单一案例所带来的局限性，本书收集了国内外相关的典型案例，从时间跨度和地域范围方面，在最大程度上确保案例研究的有效性。

对于产业生态的定量研究，有学者作出了研究[156]，且使用了社会网络分析法，本书的研究采用社会网络分析法与案例研究相结合的方式，作出了创新。本书深入分析了群组案例的社会网络定量结果，同时进行了比较和归纳整理，从而得到了更为可靠的研究结果。

3.2 研究对象的选择原则

案例研究对象被界定为开展产业生态化的工业园（区），之所以选择园区作为研究对象，主要是为了在相对较小的范围内分析产业主体的生态化治理行为，使得研究数据的收集和结果的分析具有可行性。

根据案例研究和社会网络分析的范式，案例研究对象的选择需要遵循以下原则：

首先，相关性原则。研究对象必须是已经开展产业生态化发展的工业园区，如果该园区只是在规划生态化发展的方案，即便是其相关信息非常详细，因为尚未实际运作，主体关系存在非常大的不确定性，也不能作为本案例研究的对象。此外，研究对象所涉及的产业要与新疆的特色产业，如农业、畜牧业、林业等有相关性。

其次，选择对象的代表性。要求案例研究对象能够覆盖尽可能多的产业，当然为了归纳和总结，需要典型产业，例如：农业、煤炭等资源型产业的研究对象在一定比例内可以选择多个案例。

此外，需要在国别和发展时间上具有一定的跨度，能够选择国内外的案例，并且发展时间不能过于集中在某个时点上。

再次，选择的随机性。在案例研究进行中，事先没有固定的分析名单，而是根据案例研究范式，随机地从各种数据库和互联网络中遴选典型案例，一旦案例入选分析数据库，不管该案例是否能够支持研究假设，都不能剔除。

最后，多信息来源。如果被选择案例只有一个信息来源，或者信息来源不是公开发表的文献，或者不是相关产业主体公开发布的报告，这样的案例就不能作为最终研究对象进入后续的分析过程。

3.3 信息收集及其编码方案

3.3.1 信息收集方案

（1）案例的来源

本书充分利用各类专业数据库，例如：中国知网（CNKI）、ScienceDirect等国内外的文献数据，并从新闻报道、互联网信息（国内各省市关于资源型产业发展的规划和政策、国外典型地区的发展信息）中收集案例信息。同一案例的不同来源的信息都将进入分析数据库进行综合，形成可供后续定量研究的文本。

（2）案例研究的结构化信息

根据资源型产业生态化的特点，本书将收集如下信息：

① 产业类型。目的是对资源型产业进行归类，进而分析产业类型与治理特征之间的关系。

② 案例发生的时间和地域。目的是分析资源型产业生态化发展与时间、地域之间的关系，即生态化治理模式是否有时序和区域差别发展的特征。

③ 产业网络的主体及相互之间的物质流等交换关系。目的是为社会网络分析提供主体信息和涉及彼此之间关系的数据，不同的物质流也为主副产业链的确定提供依据。

3.3.2 数据编码方案

根据案例研究和社会网络分析的要求，本书设计的数据编码方案见表3-1。

表3-1　　案例研究的数据编码方案

变量名称	测量内容	测量目的	取值
案例名称	研究对象的名称	分析对象的标识	文本
国别1	研究对象所属地域	分类的标志	国内、国外

续表

变量名称	测量内容	测量目的	取值
国别2	研究对象所属地域	分类的标志	具体国家
案例时间	研究对象发生时间	分类的标志	年份
具体产业	研究对象的产业	分类的标志	产业名称
产业园区类型	园区产业数量和关系	分类的标志	4种类型
生态化治理模式	5种生态化治理模式	分类的标志	5种模式
整体网密度	产业主体之间实际与可能链接之比	产业网络的生态化关联程度	数值
网络平均距离	产业网络上各主体的网络距离	产业网络上产业链的平均长度	数值
网络凝聚力指数	产业网络的凝聚力指数	产业主体的生态化链接紧密程度	数值
点的中间中心度	产业网络中主体的中心度	产业网络上主体的控制力度	数值
网络向外中心度	产业网络的向外中心度	各主体向外流出产品和物质的程度	数值
网络向内中心度	产业网络的向内中心度	各主体向内流入产品和物质的程度	数值
核心治理主体数量	产业网络核心主体的数量	衡量产业链上主体企业的分布范围	数值
核心治理主体治理强度	所有核心主体中心度的平均值	衡量产业链上主体企业的控制力度	数值

3.4 案例研究假设

学术界已经有学者提出产业生态化存在不同的治理模式。例如：西格（Seager）和雷蒙德（Raymond）（2013）也提出如上文所述的模式。

可见在某种分类标准下，现有的资源型产业生态治理存在不同的模式。但是，目前提出的几种模式对于指导我国的实践还欠缺很多。鉴于上述，本书作者提出研究如下假设：

假设1：依据国内产业园区内实际产业的设置，可以归纳出不同的园区类型。

国内对产业园区的划分基本是在实践发展中逐步提出的。例如：我国自1984年以来逐步设立了经济技术开发区、高新技术园区、保税区等等；又如：中投顾问在2015年3月发布的《2015—2019年中国产业园区深度分析及发展规划咨询建议报告》中提出，我国产业园区可划分为经济技术开发区、高新技术产业开发区、生态工业园区、文化产业园区、物流园区、金融后台服务园区等。国内也有学者经研究归纳出园区分类，但是往往比较粗略，例如：有学者提出我国的产业园区可以分为一般工业园区、专业园区和科技园区等，而实际上我国的产业园区近年来已经呈现多样化的发展态势。本书根据研究的需要和各种不同园区的实际状况提出假设1。

假设2：依据产业生态园区网络特征，可以总结出不同的产业园区生态化治理模式。

不同类型的园区发展的产业不同，其主产业链和副产业链的链接状况会有差异，而这些差异必将导致产业园区内的治理路径，如主体的身份与角色（生产者、分解者或者是消费者）会有很大的区别；治理过程中选择的切入点不同，治理主体的存量与增量变化不同等。因此，可以从产业园区生态治理的过程以及实现的途径中总结或挖掘出不同的生态化治理模式。

假设3：每种资源型产业生态化治理模式具有可与其他模式存在显著区别的治理特征和规则。

治理的模式不同、治理的切入点不同、治理实现的途径不同，都会体现出产业园区生态网络发展的不同特征；治理模式的这些差别，必须要由多方面的治理规则来保证，从而使现存的或者新规划建设的产业园区在生态化改善和建设中起效。因此成功的案例必然包含着：不同的治理模式一定存在并且可以总结出相应的特征，并可以从主体的身份与角色、彼此建立的物质流交换关系、网络结构等方面挖掘出具有指导意义的治理规则。

3.5 案例的选择

本书总共收集了30个案例，由于案例发生年代的时间跨度大，有早期的成熟案例，如卡伦堡（Kalundborg）产业园、贵港生态园等；也有相对发展启动较晚的案例，如河西堡工业园等，这样就导致有些案例所设计的产业生态化状态与其他案例相比不在同一个水平，但是这些案例都有一些可供借鉴的经验和做法，不能简单从案例集合中剔除。因此，本书后续将从30个案例中选择出典型的案例，对其进行描述和分析，为后续的生态化治理规则抽取提供信息基础。

3.5.1 案例选择的国别与时间

经过案例的收集和汇总，本书最终收集分析了30个产业园区生态化发展的案例，具体国别见表3-2。

表3-2 **收集案例的国别**

国别	频次（次）	百分比（%）	有效百分比（%）	累积频次（次）
国外	12	40.0	40.0	42.9
国内	18	60.0	60.0	100.0
合计	30	100.0	100.0	

30个案例中，国内案例18个，国外案例12个，两者分布的比例相近，能够均衡地反映国内外资源型产业生态化发展的信息，表明汇总的数据按照国别来分类研究是可行的。

从30个案例的发生时间分布，绘制出图3-2和图3-3，可以直观描述案例的时间跨度情况。

首先，最早的案例发生时间是1989年，最晚的案例发生时间是2018年，前后跨度30年，可以在时间上满足案例分析的要求。2005年以后的案例数量普遍较多，其中2007年和2010年的案例数量分布最多，分别为4个和3个案例。各年的案例分布数量不超过4个。

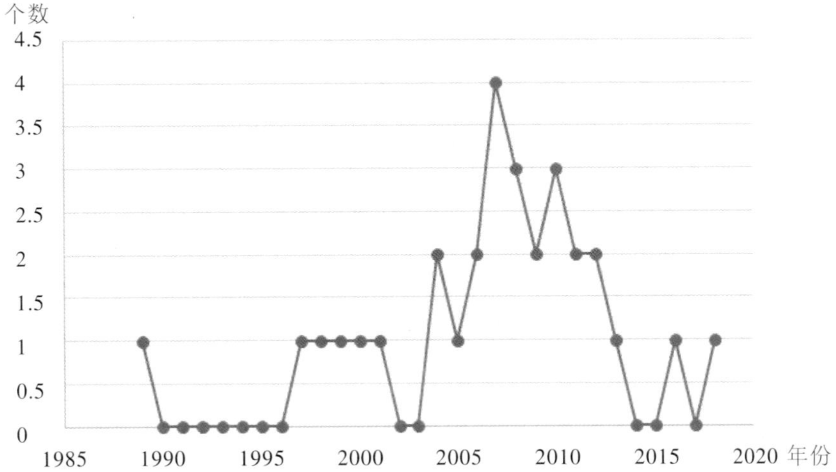

图 3-2　案例研究对象的发生时间分布

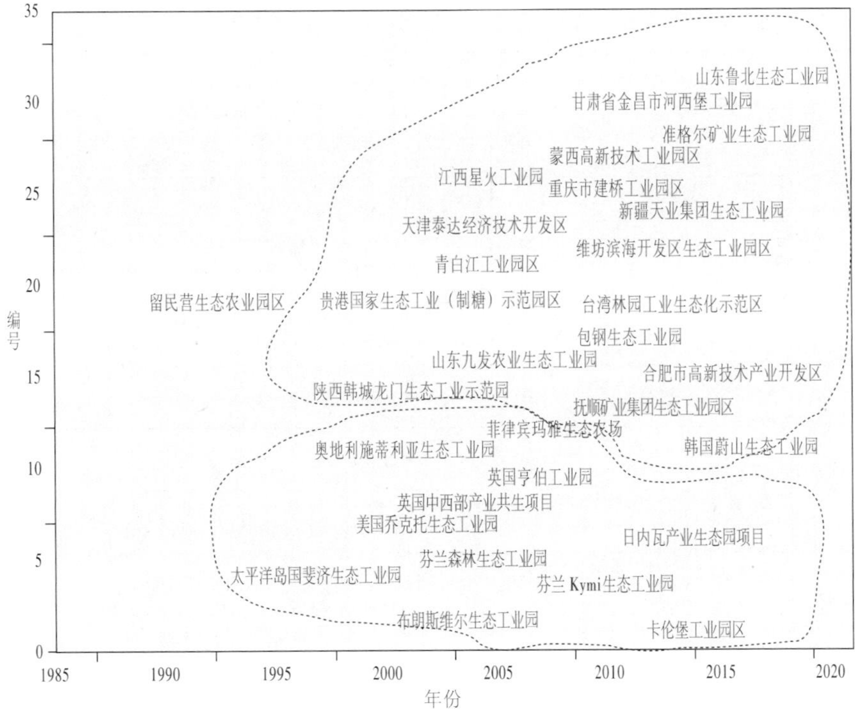

图 3-3　各年分布的具体案例

其次，根据图 3-3 的结果，国内案例的发生时间多数在 2005 年以后，只有留民营生态农业项目的发生时间较早，为 1989 年。而国外案例的发生时间集中在1996—2011年，整体的发生时间要早于国内的案例。

3.5.2 案例的具体产业和编码

对30个案例分别编号，后续的案例描述和分析统一采用编号来表示对应的案例，具体对应关系见表3-3。

本书所选的案例涉及农业资源生态化发展的共有9例，涉及煤炭、钢铁、稀土等矿产资源生态化的案例有18例，其余案例主要涉及电子信息和机械制造等产业。

表3-3 **案例的基本情况**

案例编号	案例名称	国别	年代	产业
01	卡伦堡工业园区	丹麦	2011	热电、炼油、石膏板材
02	布朗斯维尔生态工业园	美国	2006	热电、炼油、塑料
03	太平洋岛国斐济生态工业园	斐济	1999	农业
04	芬兰 Kymi 生态工业园	芬兰	2005	林业、能源
05	芬兰森林生态工业园	芬兰	2001	林业
06	日内瓦产业生态园项目	瑞士	2010	农业、矿产
07	美国乔克托生态工业园	美国	1998	塑料、轮胎
08	英国中西部产业共生项目	英国	2000	能源、农业、食品
09	英国亨伯工业园	英国	2004	炼油、热电、石膏板、食品水产
10	奥地利施蒂利亚生态工业园	奥地利	1997	造纸、发电、水泥、炼钢
11	韩国蔚山生态工业园	韩国	2013	化工、能源
12	菲律宾玛雅生态农场	菲律宾	2004	农业
13	抚顺矿业集团生态工业园区	中国	2008	煤炭、页岩原油炼制、机械制造、化工

续表

案例编号	案例名称	国别	年代	产业
14	陕西韩城龙门生态工业示范园	中国	2006	冶金、建材、能源
15	合肥市高新技术产业开发区	中国	2011	电子信息、先进制造、生物技术与新医药
16	山东九发农业生态工业园	中国	2010	农业
17	包钢生态工业园	中国	2008	钢铁和稀土
18	贵港国家生态工业（制糖）示范园区	中国	2007	农业
19	北京留民营村生态农业园区	中国	1989	农业
20	中国台湾林园工业生态化示范区	中国	2009	石油、化工
21	青白江工业园区	中国	2007	冶金、化工、建材、机械
22	潍坊滨海开发区生态工业园区	中国	2008	石油化工、机械制造、建筑建材
23	天津泰达经济技术开发区	中国	2009	电子信息业、生物制药业、食品饮料业
24	新疆天业集团生态工业园	中国	2010	热电、食品、化工
25	重庆市建桥工业园区	中国	2012	机械制造业、生物制药产业
26	江西星火工业园	中国	2007	有机硅
27	蒙西高新技术工业园区	中国	2007	煤化工
28	甘肃省金昌市河西堡工业园	中国	2012	化工、新能源
29	准格尔矿业生态工业园	中国	2016	煤矿、热电、化工
30	山东鲁北生态工业园	中国	2018	化工、海洋、热电、金属

3.5.3 案例产业园区的分类

根据研究界定的生态化产业园区的类型特征，将30个案例的园区分类汇总，见表3-4。

表3-4 **案例分析的生态化产业园区类型**

产业园区类型	频次（次）	百分比（%）	有效百分比（%）	累积频次（次）
单产主导型	10	33.3	33.3	33.3
多产混合型	14	46.7	46.7	80.0
资源再生型	4	13.3	13.3	93.3
农产品加工与生活混合社区	2	6.7	6.7	100.0
合计	30	100.0	100.0	

不同国别的生态化产业园区的类型见表3-5。

表3-5 **不同国别的生态化产业园区类型**

园区类型		国别		
		国外	国内	合计
单产主导型	频次（次）	3	7	10
	其中园区类型占百分比（%）	30.0	70.0	100.0
	其中国别占百分比（%）	25.0	38.9	33.3
多产混合型	频次（次）	5	9	14
	其中园区类型占百分比（%）	35.7	64.3	100.0
	其中国别占百分比（%）	41.7	50.0	46.7
资源再生型	频次（次）	3	1	4
	其中园区类型占百分比（%）	75.0	25.0	100.0
	其中国别占百分比（%）	25.0	5.6	13.3
农产品加工与生活混合社区	频次（次）	1	1	2
	其中园区类型占百分比（%）	50.0	50.0	100.0
	其中国别占百分比（%）	8.3	5.6	6.7
总体	频次（次）	12	18	30
	其中园区类型占百分比（%）	40.0	60.0	100.0
	其中国别占百分比（%）	100.0	100.0	100.0

根据表3-4的数据，30个案例中属于多产混合型产业园区的情况最多，共有14例；其次是单产主导型，有10例，而农产品加工与生活混合社区数量最少，有2例。

表3-5的统计结果表明，本书所选择的国内外案例在四种生态化产业园区类型上分布较为均匀，不存在某种类型的产业园区显著集中在国内或者国外的现象，说明案例研究对象所涉及的产业园区类型分布较好，具有地域分布的代表性，可以按照产业园区分类变量来完成后续的汇总分析。

3.5.4 典型案例的遴选原则

由于篇幅所限，深入探索的具体内容不能全部纳入本书中，所以本书在30个案例中，又做了进一步筛选，形成典型案例集。典型案例筛选的具体原则如下：

（1）与新疆资源型产业类型相近的原则

本书所选择的典型案例是为了设计新疆资源型产业生态化方案提供先进经验和做法，需要围绕新疆的农业、畜牧业、林业、煤炭等资源型产业选择具有相同或者相近产业的研究对象。

（2）能够系统归纳资源型产业生态化治理规则的原则

本书所选择的典型案例必须在资源型产业的生态化治理方面具有可以系统归纳的做法和经验，主副产业链条明晰，关键产业主体的生态化特征明显，以及产业生态化的效果显著等。

（3）符合资源型产业生态化规则叠加抽取的原则

与其他案例相比，典型案例要具有独特的资源型产业生态化治理方式，能够从中归纳出具有代表性的生态化治理规则。如果不能形成生态化治理规则叠加的效果，该案例就不会被入选为典型案例。

3.5.5 典型案例的遴选结果

通过对30个案例的信息分析，并根据上述原则，选择出15个典型案例进行深入分析和描述，其中：国内典型案例选择了8个，国外案例选择了7个，见表3-6。这些典型案例在后面的章节中将进行详细计算和分析。

表3-6 **典型案例信息**

案例编号	案例名称	国别	年代	产业
01	卡伦堡工业园区	丹麦	2011	热电、炼油、石膏板材
03	太平洋岛国斐济生态工业园	斐济	1999	农业
04	芬兰 Kymi 生态工业园	芬兰	2005	林业、能源
06	日内瓦产业生态园项目	瑞士	2010	农业、矿产
07	美国乔克托生态工业园	美国	1998	塑料、轮胎
10	奥地利施蒂利亚生态工业园	奥地利	1997	造纸、发电、水泥、炼钢
12	菲律宾玛雅生态农场	菲律宾	2004	农业
16	山东九发农业生态工业园	中国	2010	农业
18	贵港国家生态工业（制糖）示范园区	中国	2007	农业
19	北京留民营村生态农业园区	中国	1989	农业
22	潍坊滨海开发区生态工业园区	中国	2008	石油化工、机械制造、建筑建材
24	新疆天业集团生态工业园	中国	2010	热电、食品、化工
25	重庆市建桥工业园区	中国	2012	机械制造业、生物制药产业
29	准格尔矿业生态工业园	中国	2016	煤矿、化工、热电
30	山东鲁北生态工业园	中国	2018	化工、海洋、热电、金属

3.6 典型案例的社会网络计算方法

3.6.1 变量计算方法

根据社会网络分析方法中对各类参数的定义，本书将根据如下几个要素来考察资源型产业生态网络的变量[157]。

（1）整体网密度

用来测量资源型产业生态化网络中各主体间接链接关系的紧密程度，反映了产业网络的生态化关联程度。变量的数值越大，表明所有主体之间的链接关系越紧密。计算的方式为资源型产业主体之间的实际链接与可能链接之比，计算如公式（3-1）所示：

$$m/\frac{n(n-1)}{2}$$ 公式（3-1）

m表示资源型产业生态网络中各主体的实际关系数目；

n表示资源型产业生态网络中所有主体的数量。

（2）网络平均距离

用来测量资源型产业生态化网络上各主体的整体网络距离，反映了产业生态化网络链条的长度。具体计算如公式（3-2）所示：

$$\frac{1}{C_n^2}\sum_{i,\ j\in V} D(i,\ j)$$ 公式（3-2）

C_n^2表示网络中可能存在的两个节点对数；

i，j分别表示第i个和第j个节点；

V表示网络的节点集合；

$D(i,\ j)$表示节点i和节点j的距离。

（3）网络凝聚力指数

用来衡量资源型产业网络上主体向核心主体凝聚的程度，取值在0~1之间，越接近于1表明向核心主体凝聚程度越高。计算如公式（3-3）所示：

$$\sum\frac{1}{\sqrt{d_{kj}}}/n$$ 公式（3-3）

d_{kj}表示K集合中任何节点到节点j的最小距离。

（4）点的中间中心度

用来测量资源型产业生态化网络中每个节点企业的中心度，衡量各个主体在生态化治理过程中对物质资源等的控制力度。中心度越大，表明主体对网络的控制力度越大。中心度分为绝对中心度和标准化的中间中心度，分别表示为C_i和C_{si}，具体计算如公式（3-4）和公式（3-5）

所示：

$$C_i = \sum_i^n \sum_k^n b_{jk}(i) \quad \text{公式（3-4）}$$

其中：$b_{jk}(i) = g_{jk}(i)/g_{jk} \quad i \neq k \neq j$，并且$j < k$

$g_{jk}(i)$表示点j和k之间存在的经过点i的捷径数目，g_{jk}表示点j和k之间存在的捷径数目。

$$C_{si} = \frac{2C_i}{n^2 - 3n + 2} \quad \text{公式（3-5）}$$

（5）网络向外中心度

用来测量资源型产业生态化网络中所有节点企业向外流出资源的程度。计算如公式（3-6）所示：

$$\frac{\sum_{j \neq i = 1}^{N} A_A^R[i, j]}{K(N-1)} \quad \text{公式（3-6）}$$

K表示两个节点最大可能的节的权重；

A_A^R［i，j］为i节点与j节点共享链接的比例矩阵。

（6）网络向内中心度

用来测量资源型产业生态化网络中所有节点企业向内流入资源的程度。计算如公式（3-7）所示：

$$\frac{\sum_{i \neq j = 1}^{N} A_A^R[i, j]}{K(N-1)} \quad \text{公式（3-7）}$$

K表示两个节点最大可能的节的权重；

A_A^R［i，j］表示i节点与j节点共享链接的比例矩阵。

（7）核心治理主体数量

用来测量资源型产业生态化网络中具有控制力的主体的数量。计算方法为将网络上点的中心度高于0的主体的数量累加，计算如公式（3-8）所示：

$$\sum_{i=1}^{n} H_i \quad \text{公式（3-8）}$$

$H_i = 1$表示该主体的点的中心度高于0；

$H_i = 0$表示该主体的点的中心度为0。

（8）核心治理主体的治理强度

用来测量资源型产业生态化网络中核心治理主体中心度的相对大

小，衡量产业链上主体企业的控制力度。计算方法为对所有主体的中心度求平均值，计算如公式（3-9）所示：

$$\left(\sum_{i=1}^{n} D_i\right)\Big/n \qquad \text{公式（3-9）}$$

D_i表示资源型产业生态网络中第i个主体的点的中心度。

3.6.2 数据来源及表示方法

为了计算上述的各种网络参数，就需要用社会网络分析法来获取主体之间的基本关系数据。关系数据来源于各个典型案例的物质流图形，根据图形中生态化主体之间的链接关系，识别出关系数据。具体做法是：如果两个主体之间存在物质流或者能量流关系，则二者之间的关系数据取1；如果两个主体之间不存在任何直接关系，则取0。根据资源型产业生态化网络中各主体之间的物质流交换关系图，构建主体关系矩阵，如果两个主体之间存在产品或者副产品之间的一种交换关系，就用数字1来表示；如果不存在物质流交换关系，就标记为0。

在矩阵表格中，如果行变量对列变量有一种物质交换关系，则对应单元格就标注1，见表3-7。例如，在产业网络中A主体的副产品流动到B主体，则在A行B列对应的单元格标注为1。而B主体有物质流向A主体，则在B行A列标注1。

表3-7 社会网络分析原始数据表示方式

	A	B
A	—	1
B	1	—

4 产业园区的典型案例与分类

近年来，国内外的生态化产业园区发展较快，但是，该类园区数量仍有限，因此无法做到大样本选择，本书总共收集了30个有代表性的案例进行分析测算。同时，由于篇幅限制，只能进一步从30个案例中选择出典型的案例，对其背景进行描述，对园区的物质流交换展开分析，并依此对园区的类型作出划分，从而为后续的生态化治理模式选择和规则抽取提供信息基础。

4.1 工业产业园区的分类准则

查阅国内外相关文献发现，对于产业园区的分类多来自国家发展各类工业园区的有关政策法规，一般将产业园区划分为经济技术开发区、高新技术产业开发区、生态工业园区、文化产业园区、物流园区和金融后台服务园区。

对于本书的研究对象而言，以上分类方式过于宏观，无法满足生态产业工业园区的深入分析，因此，本书在上述分类的基础上，根据园区主要产业的数量和彼此关系，将生态产业园区划分为如下四种类型：

第一，单产业主导型园区。该类型园区主要围绕某一个产业的设计生产者—消费者—分解者三者之间的关系进行运营。

第二，多产业混合型园区。该类型园区内有两个以上产业，根据生态化的发展模式构建产业网络，产业之间可以有关联，也可以彼此独立发展。

第三，资源再生型产业园区。该类型园区主要以来自外部的废弃物/副产品作为园区的资源输入，通过构建副产品的循环链形成产业生态网络。

第四，农产品加工与生活混合社区。不同于侧重生产的生态产业园区，农业社区在农业生产活动的基础上，为社区生活提供物质基础，是一种将农业生产和生活整合于一体的生态区域。

4.2 单产业主导型专业加工区案例分析

单产业主导型园区通常是指：只有一种或两三种加工过程相近的主导产品形成的产业园区。以下展开分析的6个案例均可归纳为单产业主导型园区。

典型案例1：山东九发农业生态工业园

（1）案例背景

山东九发食用菌股份有限公司是我国食用菌行业的第一家上市公司，下属的九发工业园经过多年建设形成了以食用菌生产、加工为核心的复合实体生态工业园区。园区的企业属于同一集团公司，彼此间通过产品、能量和废弃物交换建立了生态联系，整个共生体形成了网状结构，是一个比较完整的将种植业、养殖业与工业相结合的产业生态系统。

（2）企业间的物质流和能量流

山东九发食用菌股份有限公司主要经营食用菌、果蔬、罐头、饮料、水产品、复合肥、包装物料、生物药品的生产销售及进出口业务。其中复合肥分公司一方面向农业系统和胡萝卜基地提供复合肥，另一方面也回收双孢菇分公司的下脚料用于生产。热电分公司作为生产者，向园区内的果蔬汁分公司提供纯净水、电能和蒸汽，向双孢菇分公司、包装材料厂、真姬菇示范园和附近的居民区提供电能和蒸汽，向自来水厂、废水处理厂提供电能。热电分公司产生的灰渣，由建材厂回收利用；其产生的废水，由废水处理厂进行处理。作为消费者，使用煤矿所提供的煤产品、自来水厂所提供的水资源。山东九发农业生态工业园物质流交换关系如图4-1所示。

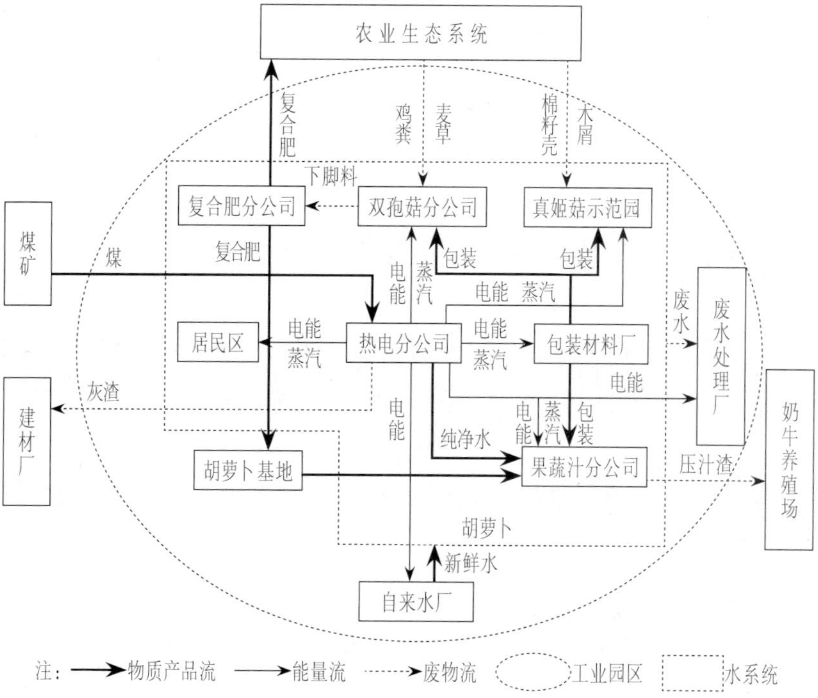

图4-1 山东九发农业生态工业园物质流交换关系

双孢菇分公司是整个园区的主产业之一，其作为消费者使用自来水厂提供的水资源、热电分公司提供的电能和蒸汽、包装材料厂提供的包装；其作为分解者消化农业生产系统所产生的麦草和鸡粪；其作为生产者所产生的下脚料由复合肥分公司进行回收，废水由废水处理厂处理。

果蔬汁分公司作为消费者，使用自来水公司提供的水资源，胡萝卜基地提供的胡萝卜，热电分公司提供的纯净水、电能和蒸汽，包装材料厂提供的包装。果蔬汁分公司所产生的压汁渣，由奶牛养殖场回收利用；其废水，由废水处理厂处理。

胡萝卜基地作为生产者提供给果蔬汁分公司胡萝卜，作为消费者使用复合肥分公司提供的复合肥[157]。它们之间的具体关系如图4-1所示。

（3）园区类型归纳

从图4-1中可以看出：虽然该园区的主产品不仅限于双孢菇，还有胡萝卜和其他果蔬加工，但是，其生产的形态相似，都是以简单的几种农产品作为主导产品，所以本书仍将其归于单产业主导型产业园区。

典型案例2：贵港国家生态工业（制糖）示范园区

（1）案例背景

2001年，经国家环保总局研究决策，在贵港市建立了我国第一个规范的生态产业园区，即贵港国家生态工业（制糖）示范园区。该示范园区是以贵糖（集团）股份有限公司为核心建设的。整个区内包含蔗田、制糖、酒精、造纸、发电、环境综合处理六大系统，通过优化资源配置和物质循环利用，形成了比较完整的闭合工业生态网络。

（2）园区内企业间的物质流交换关系

贵港国家生态工业（制糖）示范园区的物质流为：蔗田向纸浆厂提供蔗秆，向制糖厂提供甘蔗；纸浆厂向造纸厂提供纸浆；化肥厂向蔗田提供化肥；制糖厂向酿酒厂提供糖浆，向纸浆厂、发电厂提供甘蔗、糖渣，向养鱼场提供废糖渣、废糖浆；酿酒厂向化肥厂提供废酒精；发电厂向酿酒厂提供蒸汽，向水泥厂提供飞灰[158][159]。它们之间的具体关系如图4-2所示。

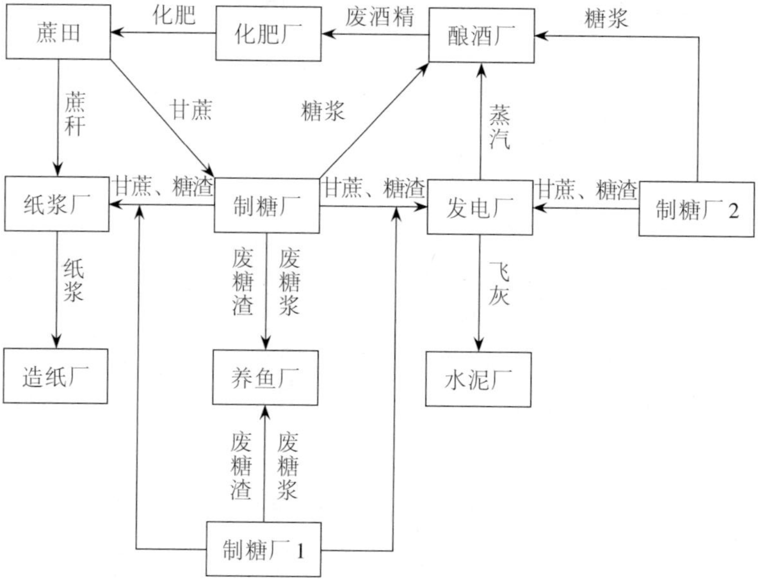

图4-2 贵港国家生态工业（制糖）示范园区物质流交换关系

（3）园区类型归纳

分析贵港国家生态工业（制糖）示范园区的物质流可以看出：产业链条上尽管包含了蔗田、纸浆厂、造纸厂、化肥厂、酿酒厂、制糖厂、养鱼场、发电厂、水泥厂等多个企业，但是所有企业都是以制糖厂为主导企业的，因此该产业园的类型属于单产业主导型产业园区。

典型案例3：斐济苏瓦生态工业园

（1）案例背景

太平洋岛国斐济（Fiji）的首都苏瓦（Suva）市所建设的生态工业园是一个较为成功的案例。该市位于斐济群岛维提岛（Viti Levu）的东南沿海，面积约20平方千米，三面环水，一面靠山，市中心靠海。苏瓦港是斐济最主要的港口，港外有珊瑚礁作屏障，自然风光优美。苏瓦市民中一半以上从事渔业，其余的从事旅游、金融和小型制造业。优渥的自然条件使得苏瓦的经济以旅游和轻工业为主，这也提升了其绿色发展的需求。

斐济苏瓦生态工业园区的建设源于最初政府对环境的治理。为避免酿酒厂在生产过程中将剩余的废谷物倒入海中，覆盖珊瑚礁和污染海水，在酿酒厂的附近利用废谷物进行蘑菇养殖。随后，由于周边企业与其地理位置邻近，各企业意识到建立共生关系的明显优势，可以节约因长途运输资源而产生的交通成本和损耗，尤其可以降低对于如液体、气体等特殊的必须通过建立管道来运输的资源的前期高昂投资费用，在政策的鼓励下自主形成了以酿酒厂、养猪场、蘑菇种植、蔬菜种植、水产养殖为主线的农业生态园区。该项目的成功得益于其集约的小规模特性，在苏瓦生态工业园区不到1平方千米的范围内有着完善的共生系统。系统内部各单元间的联系与交换的内容丰富、频率高；在空间布局上的集中布置，既促进了能源交换，又降低了资源损耗和污染。

（2）园区内企业间的物质流交换关系

园区中酿酒厂的废谷物作为培养基来种植蘑菇；蘑菇分解废物并结成作物，一方面投入市场销售，另一方面为养猪场提供猪饲料；养猪产生的废水通过厌氧浸煮器进行处理，处理过程中的废物运送到鱼塘，以提高鱼塘水体的营养含量，以供养四个营养层的鱼类所需的食物。同时，废物也为蔬菜种植提供了肥沃的土壤[160]-[162]。

斐济苏瓦生态工业园区的物质流交换关系如图4-3所示。

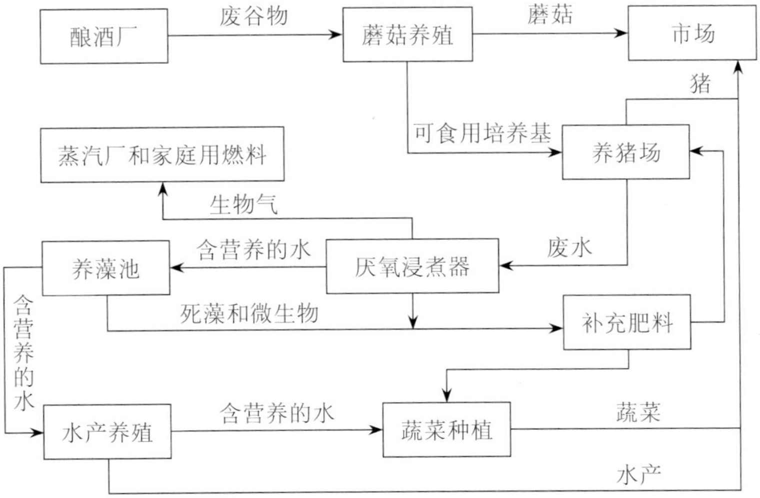

图4-3 斐济苏瓦生态工业园物质流交换关系

（3）园区类型归纳

斐济苏瓦生态工业园区与山东九发生态工业园非常相似，其主导产品为蘑菇养殖，同时又有蔬菜、水产等种植加工，本书将其归类于单产业主导型产业园区。

典型案例4：芬兰Kymi生态工业园

（1）案例背景

芬兰Kymi生态工业园是由世界领先的跨国森林工业集团——芬欧汇川集团各个分公司围绕其主体产业——造纸业形成的一个工业共生系统。芬欧汇川集团总部设在芬兰赫尔辛基（Helsinki），在赫尔辛基证券交易所上市，集生产、研发、电力、环保、储运于一体，是世界第三大纸和纸制品生产商，具有百年历史。其核心产品主要包括杂志纸、新闻纸、文化纸、特种纸，以及木产品、不干胶标签材料和RFID标签，其他业务还包括林业、能源等。

（2）园区内企业间的物质流交换关系

在该产业园中，造纸/纸浆厂产生的树皮、木屑、纤维悬浮液和研磨泥炭为园区的发电厂提供发电原料。同时，发电厂为纸浆/造纸工厂提供蒸汽、电力和热能；此外，电厂产生的电能和热能还提供给当地的能源分销商；因此，纸浆/造纸工厂产生的木材剩余物，对整个社会的能源供应产生了重要影响。Kymi生态工业园中所有的成员，除了过氧化氢工厂外，都要依靠电厂和纸浆/造纸工厂为其提供能源。过氧化氢工厂的能量主要依靠工厂的植物产生的热量和工厂本身产生的电能，此外也从市场上购买少量能源[163][164]。

Kymi生态工业园企业之间的共生关系及物质流交换关系如图4-4所示。

（3）园区类型归纳

芬兰Kymi生态工业园内的企业虽然分布于造纸、化工和发电三个产业，但是除围绕三类产业建有的有关污水处理、垃圾填埋及相关能源供应等辅助企业外，其他产业基本属于造纸业的主副产品链上，由此可以将该园区归类为单产业主导型产业园。

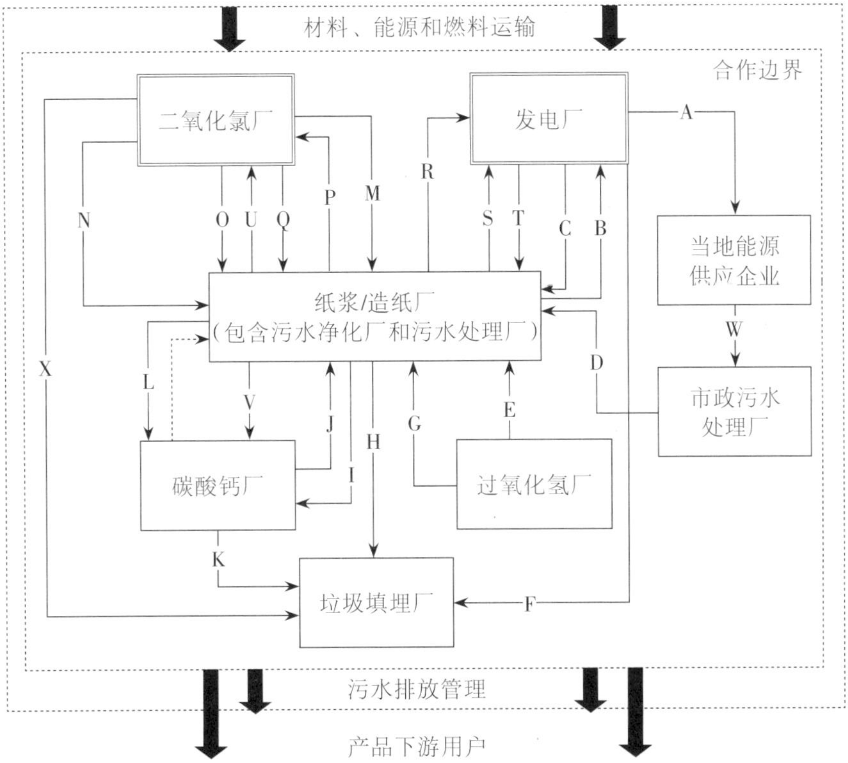

图4-4　芬兰Kymi生态工业园物质流交换关系

注：图4-4中的字母代表的物质——A：热能和电能；B：污水、污泥；C：废水；D：污水、污泥；E：废水；F：灰；G：过氧化氢（H_2O_2）；H：其他惰性废物；I：水；J：碳酸钙（$CaCO_3$）；K：废弃物；L：二氧化碳（CO_2）；M：氯气（Cl_2）；N：废水；O：二氧化氯（ClO_2）；P：水；Q：氢氧化钠（NaOH）；R：氢氧化钠（NaOH）；S：用作燃料的生物材料；T：蒸汽，电力，热力；U：蒸汽；V：蒸汽及电力；W：电力；X：废弃物

典型案例5：潍坊滨海开发区生态工业园区

（1）案例背景

潍坊滨海开发区生态工业园区最初以纯碱厂为中心企业，几家企业在市场驱动下自发围绕该企业构建了产业链，逐步建立起以纯碱厂、盐场、氯碱树脂公司、溴素厂等企业为关键主体的复杂的产业链网。随着不完善的产业链网的发展所带来的环境问题的加剧，政府介入生态工业园区的建设规划，并获得环保总局批准建设国家生态工业示范园区的资

质。潍坊滨海开发区生态工业园区的类型属于化工类单产业主导型园区。

（2）企业间的物质流交换关系

根据案例信息，绘制园区内企业间的物质流交换关系（如图4-5所示）。从图4-5中可以看出：园区内主要有煤炭、原盐、石灰石、溴素、纯碱、氯化钙等大宗的物质流动。2007年，山东海化集团纯碱厂和氯碱树脂公司全年使用的原盐，全部从区域内购进；石灰石采购于青州。海化集团热电分公司全年使用的原煤分别来源于新汉、肥城、淄博以及山西省。盐场分别向纯碱厂、氯碱树脂、大和融雪、昌大化工提供原盐，向硫酸钾厂提供苦卤。硫酸钾厂向昌大肥料提供硫酸钾。纯碱厂分别向白炭黑厂、小苏打厂、凯龙化工、氯碱树脂公司、聚玺化工提供纯碱，分别向氯化钙厂、安鑫化工、宏远化工提供废清液，向渣场输出碱渣。氯化钙厂分别向昌大化工、泰合兴、泰泽化工提供氯化钙。氯碱树脂公司分别向溴素厂、利盛化工厂、中以溴化物提供液氯，向纯碱厂提供电石泥。溴素厂分别向中以溴化物、天一化学、玉成化工、兄弟化工、益康药用、恒德化工、大成亿利提供溴素。热电厂向灰场输出灰渣。灰场向墙体材料厂提供炉渣。

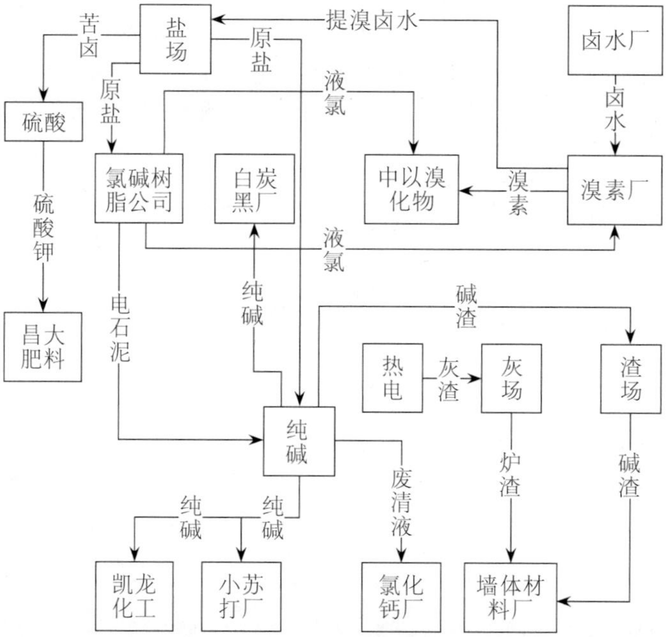

图4-5 潍坊滨海开发区生态工业园物质流交换关系

该生态工业园区的主要能量为电和蒸汽，主要由山东海化集团热力电力分公司和电网提供。该公司主要担负着海化开发区的发电、产汽、供汽的重任。经过十几年的发展，公司现已发展成为装机容量102兆瓦、产汽能力1 455t/h的热电联产企业，为园区的发展提供了可靠的动力保障。园区使用的主要能源为煤、油，煤使用量占总能源消耗量的99%以上。2007年，园区规模以上的工业企业使用原煤192.56万吨，其中，山东海化集团热力电力分公司用煤152万吨，共产出电136 466万千瓦时，蒸汽616.7万吨。每万元GDP能耗为3.42吨标准煤。尽管该园区的工业属于耗能较高的行业，但是仍具有巨大的节能潜力，采用先进的节能技术和洁净煤技术将会给园区的经济发展和环境保护带来巨大效益。随着生态工业园区的不断发展，电、汽用户越来越多，电汽供需矛盾日趋紧张，为适应发展需要，热电公司现进行扩建，计划安装3台600吨高温高压循环流化床锅炉、1台150兆瓦发电机组，1台30兆瓦发电机组。届时总装机容量将达到282兆瓦，日产汽10万吨，能为园区提供足够的动力保障[165][166]。

（3）园区类型归纳

虽然该园区不同企业生产的产品较多，但细分析其产品链可以看出，该园区是以海盐为基本原料形成的产业链，因此可以归结为单产业主导型产业园。

典型案例6：准格尔矿业生态工业园

（1）案例背景

准格尔旗煤炭资源富集，全旗煤炭总储量约544亿吨，探明远景储量达1 000亿吨以上，含煤总面积占全旗总面积80%以上。多年来，矿产资源的开发利用为推动地区经济社会持续发展作出了积极贡献，但传统粗放型开采方式也造成了资源的浪费和生态的失衡。

准格尔矿业生态工业园主要包括以下企业：2个露天矿（哈尔乌苏露天煤矿、黑岱沟露天煤矿）、煤炭洗选厂（神华准格尔能源有限责任公司选煤厂、哈尔乌苏露天煤矿选煤厂）、煤矸石发电厂（神华准格尔能源有限责任公司矸石发电公司）、氧化铝厂（位于准格尔旗大路煤电铝园区）和炸药厂（神华准格尔能源有限责任公司炸药厂）等。

依托准格尔矿区“高铝富镓”的煤炭资源，设立固废综合利用项目，对煤矸石、粉煤灰等工业固废进行再利用，例如用煤矸石发电后的煤粉灰生产氧化铝等；同时利用煤矿开采中产生的废土发展生态农业和工业旅游，建设准格尔国家级矿山公园。

（2）企业间的物质流交换关系

该工业区内包含两个露天矿，煤矿开采后，由园区内的洗选厂对煤炭进行分选，除去原煤中的矿物杂质，把它分成不同规格的产品。煤矸石，是煤的伴生矿，含碳量较低，是洗选煤产生的主要固体废料之一。2004年，国家发布了鼓励利用劣质煤和煤矸石发电的有利政策，神华准格尔能源有限公司成立了矸石电厂，利用煤矿中的固体废料——煤矸石发电，实现煤炭资源的充分利用；准格尔的煤矿“高铝富镓”，煤矸石燃烧后产生的粉煤灰中的氧化铝高达50%，因此氧化铝厂利用矸石电厂发电产生的固体废料——煤粉灰生产氧化铝；其他废料中仍含有镓、铁红、碳酸锂等，进一步下沉到镓产品、铁红和碳酸锂产品。另外，煤矸石发电厂产生的废水可用于露天矿除尘。

在煤矿挖掘过程中，除了原煤，还会产生岩石、锅炉灰渣等废渣和黄土等弃土，准格尔煤炭工业园还利用弃土和矿区的特点，构建特色露天矿区景观文化，发展工业旅游，2017年建成国家矿山公园；对露天排土场进行地形整治，进行复垦，发展生态农业牧场，构建“采—复—农—园”协同开发模式。另外，采煤设备废弃后，由准能设备维修厂将废油提出，用于炸药厂生产炸药。准格尔矿业生态工业园企业之间的物质流交换关系[167]如图4-6所示。

（3）园区类型归纳

该园区是以煤矿为基本原料形成的产业链，煤矸石、氧化铝等产品是对煤矿的固废再利用，因此准格尔矿业生态工业园可以归结为单产业主导型产业园。

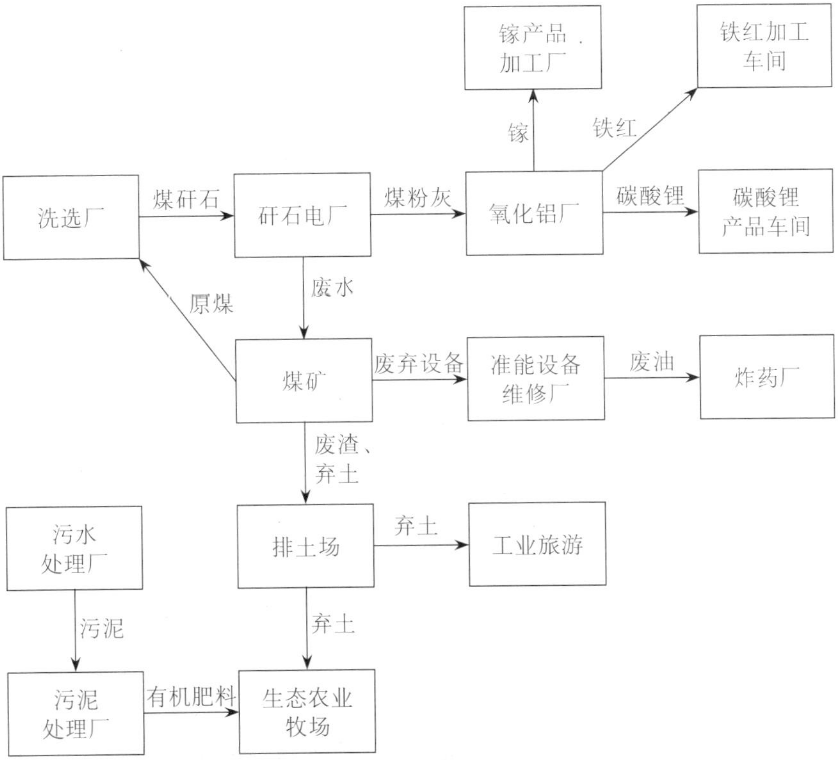

图 4-6 准格尔矿业生态工业园物质流交换关系

4.3 多产业混合型园区案例分析

多产业混合型产业园区通常是指：该园区内的主体有三种以上的主导产品并且加工过程各不相同。

以下展开分析的卡伦堡（Kalundborg）工业园区、日内瓦（Genève）生态产业园、奥地利斯蒂利亚（Styria）生态工业园、重庆建桥工业园区、新疆天业集团生态工业园、山东鲁北生态工业园等6个案例，以及本书作者收集的韩国蔚山（Ulsan）生态工业园、陕西韩城龙门生态工业示范园、蒙西高新技术工业园区、甘肃省金昌市河西堡工业园、合肥市高新技术产业开发区、布朗斯维尔（Brownsville）生态工业园、天津泰达经济技术开发区、包钢生态工业园等8个工业园区均可归纳为多产业混合型工业园区。

典型案例7：卡伦堡工业园区

（1）案例背景

卡伦堡（Kalundborg）是丹麦的一座小城，人口仅为16 319人。该城市拥有丹麦最大的燃煤电厂。卡伦堡工业园区起源于1961年炼油厂的齐斯（Tissa）湖供水项目，目的是节约地下水资源。卡伦堡市负责建设供水管网，由炼油厂提供资金。该合作项目之后，一系列其他协作项目也被引入卡伦堡市。卡伦堡工业园区是首个实现全面产业生态的园区，园区形成网络的中心是发电量为1~500MW的Asnaes火电厂，余热供给3 500户当地居民和附近的养鱼场，养鱼场的污泥作为肥料提供给农田。火电厂的蒸汽，提供给两家子公司Novo Nordisk污泥厂和Novozymes酶公司，也提供给Statoil炼油厂，实现热量和蒸汽的再利用。火电厂给墙板制造厂提供石膏原料，飞灰和煤渣用于混凝土生产和铺路之用。

卡伦堡工业园区的发展历程可以划分为四个阶段，从1961年开始，到2011年，时间跨度50年，园区由最初的8个主体，发展到20个主体，产业链经过不断完善，已经成为生态工业园的典型范例。

卡伦堡工业园1959年成立Asnaes火电厂，在1972年Gyproc石膏板制造厂（法国的企业）首次为Tidewater炼油厂提供热能。1981年市政部门建立供热网络，以利用发电厂的余热。从此以后，卡伦堡开始扩展产业生态链，一方面是因为发展产业共生，另一方面是出于缓解资源短缺的原因。

（2）园区内企业间的物质流交换关系

卡伦堡工业园区的Asnaes火电厂1959年成立，2年后炼油厂开工，发展到2011年，大致经过了四个阶段，最终形成的生态化园区，其状况如图4-7所示。

第一阶段：1961—1979年

1959年Asnaes火电厂成立，1961年炼油厂建立管道，从齐斯（Tissa）湖取水；1972年建成Gyproc石膏板制造厂，炼油厂为其提供多余的炼油气；1973年Asnaes火电厂扩建，卡伦堡市政部门从Tissa湖取

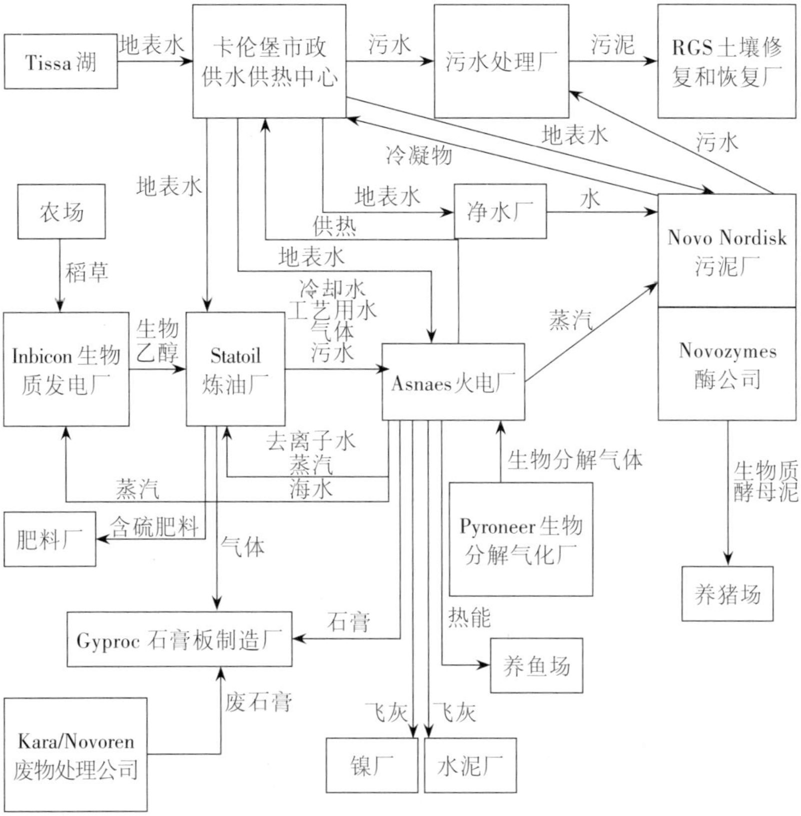

图 4-7　卡伦堡生态工业园区物质流交换关系

水供给 Statoil 炼油厂；1976 年 Novo Nordisk 污泥厂开始为邻近的农场提供生物质污泥；1979 年 Asnaes 火电厂开始为挪威北部的混凝土制造厂提供飞灰。

第二阶段：1980—1989 年

1981 年市政部门建立供热网络，以利用发电厂的余热供暖；1982 年 Novo Nordisk 污泥厂和 Statoil 炼油厂开始利用发电厂的蒸汽；1987 年 Statoil 炼油厂为发电厂提供冷却水；1989 年发电厂将余热供给到附近的养鱼场用于养殖鳟鱼和大菱鲆；1989 年 Novo Nordisk 污泥厂与市政部门、发电厂、炼油厂达成协议，以共同利用供水管网从 Tissa 湖取水。

第三阶段：1990—1999 年

1990 年 Statoil 炼油厂为在腓特烈西亚（Fredericia）的硫酸企业提

供原料；1991年Statoil炼油厂建立管道为发电厂提供经生化处理的污水，为发电厂清洁和稳定飞灰；1992年为发电厂供应燃气作为其备用燃料；1993年发电厂完成烟道气脱硫项目，为石膏厂提供硫酸钙。1995年Novo Nordisk污泥厂向污水处理厂提供污水；1998年污水处理厂将污泥提供给RGS土壤修复和恢复厂；1999年Asnaes电厂为镍厂提供飞灰。

第四阶段：2000—2011年

2000年卡伦堡市政供水供热中心将污水提交给污水处理厂进行净化处理，2004年建立污泥处理厂，净水厂为污泥厂供水；Kara/Novoren废物处理公司为Gyproc石膏板制造厂提供废石膏；2009年农场为Inbicon生物质发电厂提供稻草；2010年Inbicon生物质发电厂为Statoil炼油厂提供生物乙醇；2011年后Pyroneer生物分解气化厂为Asnaes电厂提供生物分解气体[168]。

（3）园区类型归纳

卡伦堡工业园区的发展历经半个世纪，产业不断调整，生态化水平也逐步提升。目前，园区的主导产品已经覆盖热电、炼油、石膏板材、农业养殖等多个产业，因此该园区属于典型的多产业混合型产业园区。

典型案例8：日内瓦生态产业园

（1）案例背景

2001年，日内瓦州（Genève）在关于《日内瓦州21世纪议程》的法律中引入产业生态学的概念，根据该法律的第12条，鼓励在日内瓦实践产业生态学，州行政机关于2002年启动了“生态园”项目。

日内瓦生态产业园的发展经历了自2002—2008年、2009年至今两个阶段。该工业园区一开始就引入了“生态园”的概念，所以企业之间就形成了很好的链接。发展到第二阶段，通过政府的规划和有目的的建设，该工业园区在废弃物处理方面又迈上了新的台阶。

（2）园区内企业间的物质流交换关系

日内瓦产业生态园发展的第一阶段的企业间物质流交换关系如图4-8所示。

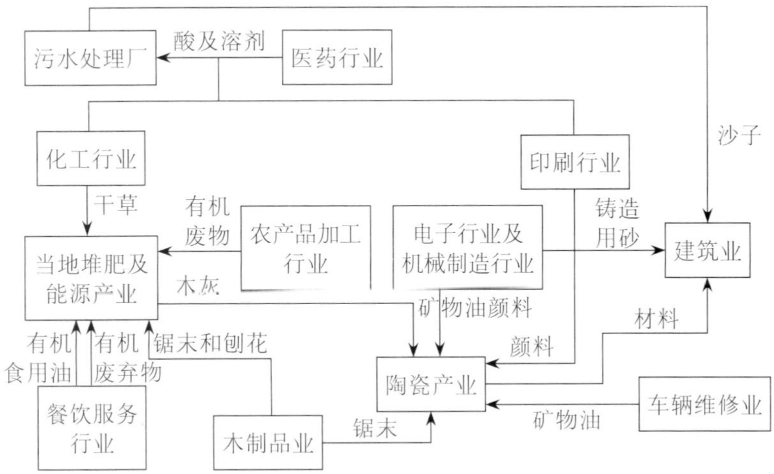

图4-8　2008年日内瓦生态产业园物质流交换关系

污水处理厂向建筑业提供沙子；化工行业向污水处理厂提供酸及溶剂，向当地堆肥及能源产业提供干草；医药行业向污水处理厂提供酸及溶剂；印刷行业向污水处理厂提供酸及溶剂，向陶瓷产业提供颜料；当地堆肥场及能源产业向陶瓷产业提供木灰；农产品加工业向当地堆肥场及能源产业提供有机废物；餐饮服务业向当地堆肥场及能源产业提供有机食用油及有机废弃物；木制品业向当地堆肥场及能源产业提供锯末和刨花，向陶瓷产业提供锯末；陶瓷产业向建筑业提供材料；车辆维修业向陶瓷产业提供矿物油；电子行业及机械制造业向陶瓷产业提供矿物油和颜料，向建筑业提供铸造用砂。

2010年，园区开始引入新的企业和行业，其物质流交换关系如图4-9所示。

餐饮业、车辆维修业、电子及手表行业向工业废弃物处理厂提供废油；印刷业向工业废弃物处理厂提供墨水及颜料；矿产品加工业向户外装备业提供黏土和混凝土剩余产品，向采掘业提供黏土，向建筑和土木工程业提供沥青；木工业向户外装备业、焚烧及热电联产厂、工业废弃物处理厂提供未处理木料；金属制品及机械制造业向工业废弃物处理厂提供墨水、颜料和溶剂；服务业及居民区向工业废弃物处理厂提供有机食用油，向沼气及堆肥业提供生物质；制药业、化工行

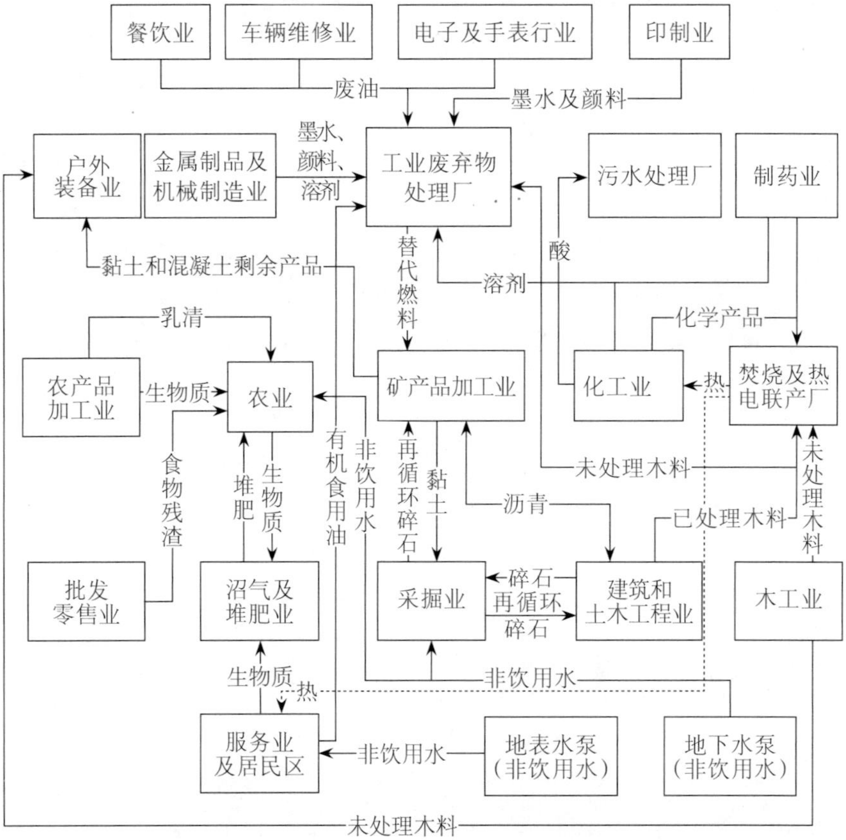

图4-9 2013年以后日内瓦产业生态园物质流交换关系

业向工业废弃物处理厂提供溶剂，向焚烧及热电联产厂提供化学产品；化工业向污水处理厂提供酸；农产品加工业向农业提供乳清及生物质；批发零售业向农业提供食物残渣；沼气及堆肥业向农业提供堆肥，农业向沼气及堆肥业提供生物质；地表水泵（非饮用水）向服务业及居民区提供非饮用水；地下水泵（非饮用水）向采掘业、农业提供非饮用水；采掘业向建筑和土木工程业、矿产品加工业提供再循环碎石；工业废弃物处理厂向矿产品加工业提供替代燃料；建筑和土木工程业向采掘业提供碎石，向焚烧及热电联产厂提供已处理木料，向矿产品加工业提供沥青；同时，形成了焚烧及热电联产厂向化工业、服务业及居民区提供热量的能量流[173][174]。

典型案例9：奥地利施蒂利亚生态工业园

（1）案例背景

施蒂利亚（Styria）是奥地利东南部的一个州，拥有121万人口，GDP占奥地利的12%。施蒂利亚从1992年开始发展生态工业园，到1996年，此生态工业园被奥地利确定为工业生态示范项目。

施蒂利亚生态工业园有39家企业，其中处于核心地位的企业主要包括发电厂、造纸厂、炼钢厂和水泥厂等。此外，将两个城市，即格拉兹市和沃伊斯伯格市也作为产业生态网络上的主体。格拉兹市是施蒂利亚的政治和经济中心，主要产业是机械制造、汽车和服务业，沃伊斯伯格市有众多的中小企业，装备现代化水平很高。

（2）园区内企业间的物质流交换关系

园区内具体企业之间的物质流交换关系如图4-10所示。

一方面，园区内的企业通过产业集聚，彼此在市场的基础上建立起废弃物交换网络，降低各自的成本，该园区内同一产业的企业有多家，例如建有6个水泥厂、2个发电厂，这与其他产业园区内同类型企业仅有一家的情形不一样。

另一方面，主体企业之间存在废弃物交换关系，在6个造纸厂中，多数从废纸收集商处获取废纸，同时从园区外界获取废木材，有些造纸厂也存在纸浆的物流流动；发电厂向园区内的企业提供电力，同时也向格拉兹市和沃伊斯伯格市供热，发电产生的飞灰提供给水泥厂和建材公司。炼钢厂从碎金属分销商处收集金属废物，生产过程中出现的炼炉砂是水泥厂的生产原料。

同时，围绕水泥厂、造纸厂等核心企业，还形成了废纸、废木材、飞灰、废金属、废油等物质的流动关系，该园区废弃物集中分解的特色明显[170]。

（3）园区类型归纳

施蒂利亚生态工业园建有钢铁制造、水泥制造、建筑材料、造纸、纺织、化工、印染、石材和陶瓷、塑料以及发电等多个产业的众多企业，甚至还包括农业生产企业，同时还建有对废水、废钢铁、废油、废纸进行处理的多个企业。因此，该园区属于多产业混合型产业园区。

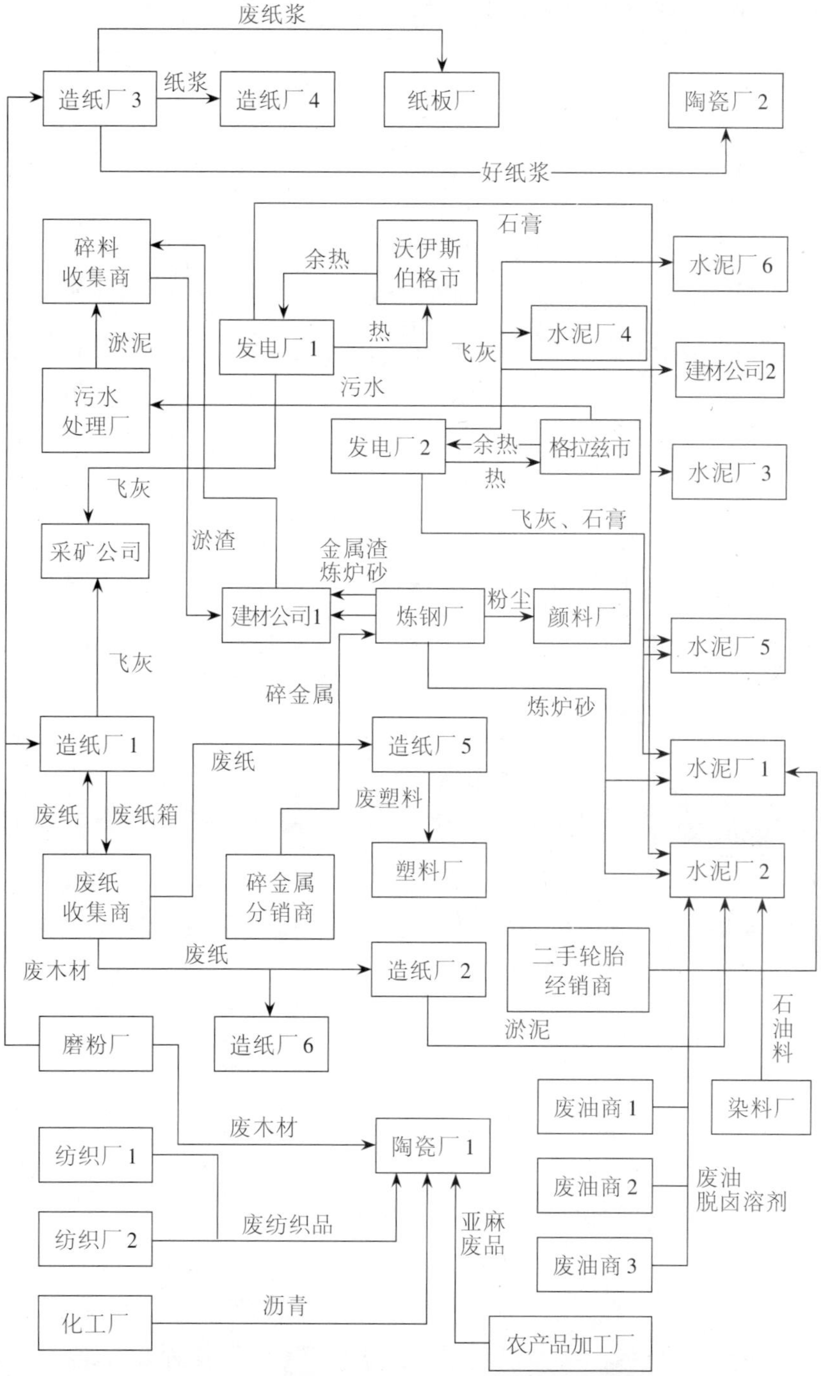

图4-10 奥地利施蒂利亚生态工业园物质流交换关系

典型案例10：重庆市建桥工业园区

（1）案例背景

重庆市建桥工业园区是2003年重庆市政府批准设立的市级工业园区，地处重庆市大渡口区八桥镇八一村、民乐村、民新村和建胜镇新建村、民胜村，属于中国成渝经济圈。

该工业园区是以机械制造业、新材料产业、生物制药、电子信息产业、现代物流业五大主导产业为主的综合性工业园，目前园区入驻企业主要以汽车、摩托车产业和生物制药产业为主，占园区入驻企业比例的50.9%。

同时，建桥工业园依托现有的生物制药、摩托车制造、新材料等优势产业，以无污染或低污染的高技术型的特色工业为主，形成了集机械制造业、生物制药产业、新材料产业、电子信息产业和现代物流业等传统工业和高新工业于一体的现代化经济技术工业开发区。

（2）园区内企业之间的物质流交换关系

该园区内企业之间的物质流交换关系如图4-11所示。

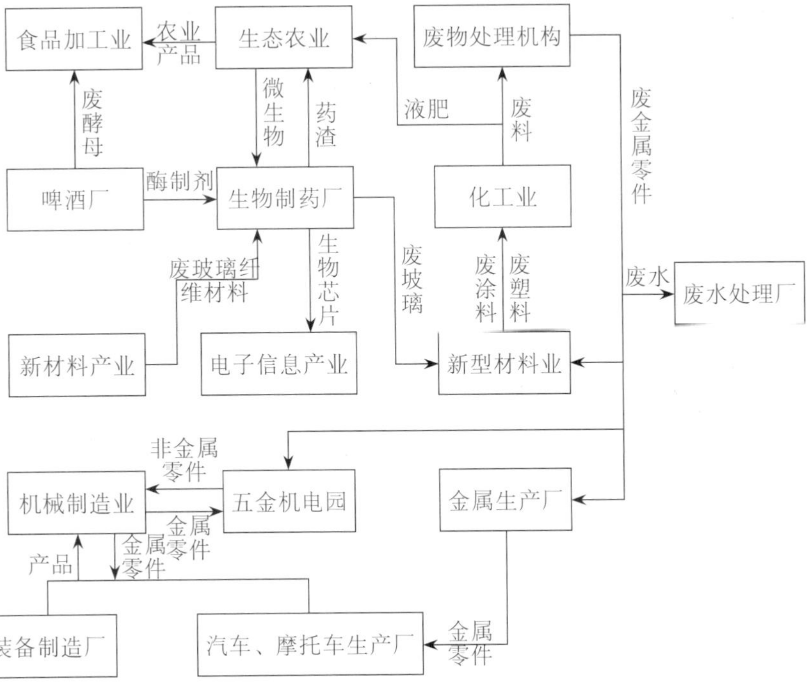

图4-11　重庆市建桥工业园区物质流交换关系

汽车摩托车产业和生物制药产业在生态产业链网的构建中处于核心地位。汽车摩托车产业在生产中会产生大量的金属废料、废金属零件等，通过园区废物处理机构加以拆卸和分类，其中可再利用的返回到汽摩零件厂或整车厂，不可再利用的提供给园区的金属生产厂作为原料。

生物制药产业生产中的药渣可用于生态农业的生产，废玻璃可用作新型建材业的原料。从啤酒的酶制剂中提炼的蛋白酶可作为生物制药的原料，而药渣含有丰富的菌丝体和残留的有机物和无机物，是一种有机资源，可用于生态农业中的有机肥开发，变废为宝，从而达到清洁生产和资源再利用的目的。

目前，该园区只有国际复合材料有限公司一家公司属于新材料产业，产生的污染物相对较小，主要与生物制药产业形成上下游关系，它的废玻璃纤维材料可作为生物诊断试剂的生产原料。

值得研究和借鉴的是该工业园区的汽车摩托车生产和生物医药产业的生态化建设，从其物质流交换中可以看出，该园区在生态设计和产品再制造方面的特点非常明显。

（1）汽车摩托车制造业

目前，建桥工业园区的汽车摩托车制造业共有16家，经过8年的发展已形成一定的规模和实力，在园区经济的发展中起着不可替代的作用，园区入驻的相关企业大都生产规模大、产量大，生产水平处于国际或国内的领先水平。该工业园区汽车、摩托车制造业的物质流交换关系如图4-12所示。

（2）生物制药产业

目前，建桥工业园区生物制药产业引进的企业有重庆佳辰生物工程有限公司、重庆华伦医疗器械有限公司、重庆亚原生物技术有限公司、重庆宗申军辉生物技术公司、重庆井泉置业有限公司等7家企业，主要从事医药和医疗器械的生产[171][172]。该工业园区生物制药产业的物质流交换关系如图4-13所示。

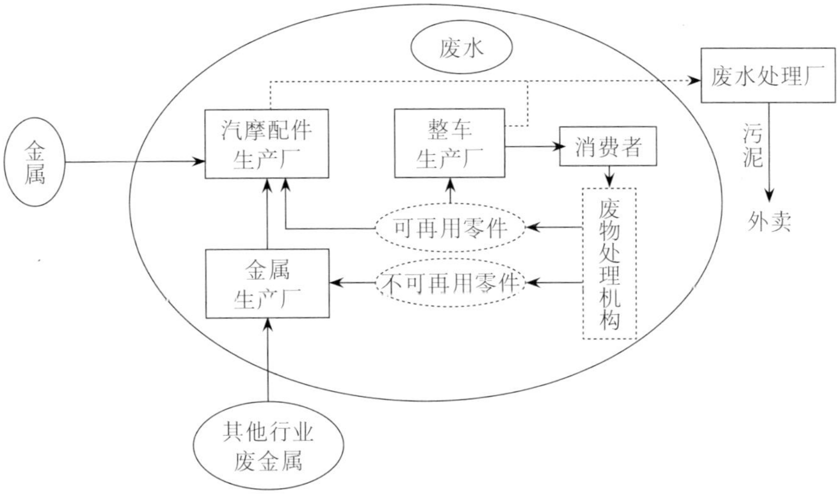

图 4-12　重庆市建桥工业园区汽车摩托车制造业物质流交换关系

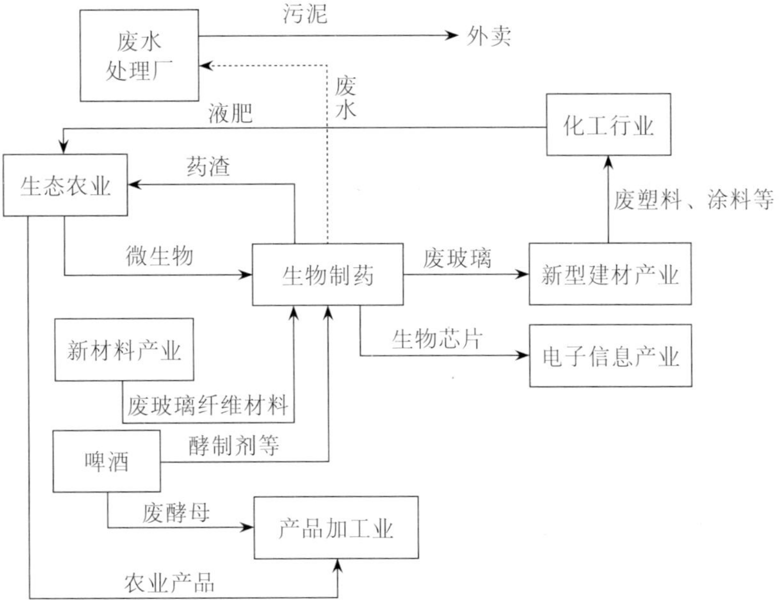

图 4-13　重庆市建桥工业园区生物制药产业物质流交换关系

（3）园区类型归纳

该园区以机械制造业、新材料产业、生物制药、电子信息产业、现代物流业五大产业为主导，形成了由众多核心企业、附属企业和配套企业相配合的综合工业园区；同时，围绕其产业发展进行生态化建设，因此，该园区属于多产业混合型产业园区。

典型案例11：新疆天业生态工业园

（1）案例背景

新疆天业生态工业园是以新疆天业集团为基础建设形成的生态工业园区。2005年10月，新疆天业集团已被列入全国化工行业第一批国家循环经济试点单位。

作为新疆生产建设兵团最大工业企业的新疆天业集团，横跨化工、煤电、塑料节水器材、食品、建材、建筑及房地产开发、矿业、贸易八大行业。

该园区发展循环经济重点在产业循环式组合、资源循环式利用和清洁生产三个方面。按照“减量化、再利用、资源化”的原则，通过产业循环式组合，形成了发展的集聚效应；同时，加强资源综合利用，最大限度地利用各种废弃物和再生资源，减少对自然资源的消耗；大力推行清洁生产，从源头上减少了污染物的排放，构成了很好的生态工业基础，形成了生态工业系统的雏形。现已形成了产业之间循环组合、产业内部资源循环利用的产业布局，走出了一条具有鲜明特色、高速发展的循环经济之路。

（2）园区内企业之间的物质流交换关系

园区内企业之间的物质流的具体交换关系[173][174]，如图4-14所示。

新疆天业生态工业园区中，电石厂生产的电石作为化工厂生产聚氯乙烯的原料；化工厂生产的聚氯乙烯作为节水器材厂和塑料制品厂的生产原料；节水器材厂生产的节水灌溉产品用于高效农业田灌溉；高效农田生产的农产品作为食品加工厂的生产原料。

电石厂在生产过程中产生的废气，主要成分为一氧化碳、二氧化碳、氢气、氧气、甲烷和一些灰尘颗粒等，其中一氧化碳含量高达60%以上，通过采集汇聚到3 000立方米的气柜，经过增压风机加压后，由专用管道送入热电厂。

化工厂乙炔生产工序中产生的电石渣一部分提供给热电厂，用于电石渣脱硫工艺；电石厂将回收的石灰粉送往食品厂用于生产柠檬酸，充分利用原料，避免了物料的浪费，每年可减少食品厂采购成本100万元以上。

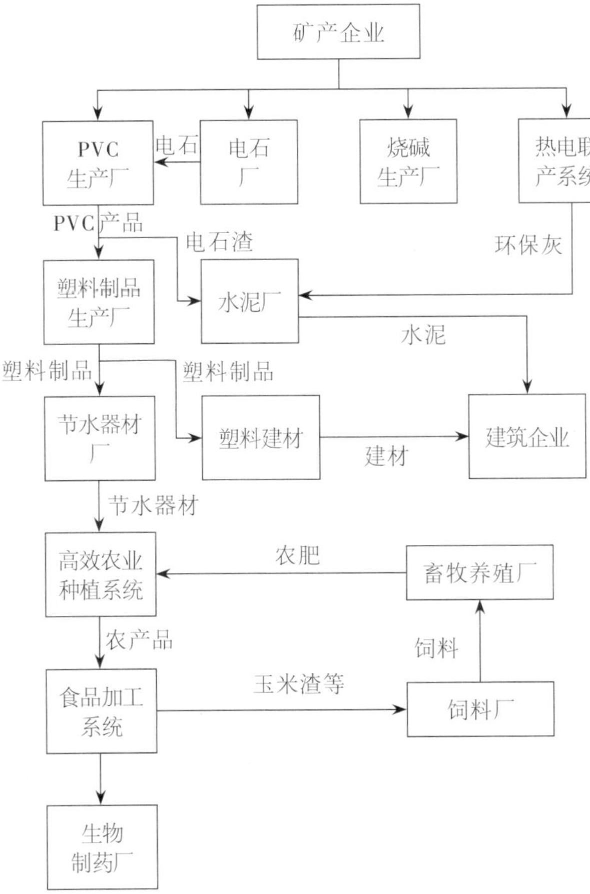

图 4-14　新疆天业生态工业园物质流交换关系

节水器材厂生产的节水滴灌器材用于高效的农业田灌溉，其废弃后将被收集送回节水器材厂，经过分选、清洗等一系列加工，作为再生塑料用于生产新的节水器材；食品加工厂产生的玉米渣、番茄皮全部作为原料用于生产饲料，提供给畜牧养殖场。

系统内采用的余热利用技术主要是针对氯化氢合成炉和氯乙烯转化器反应热的综合利用。氯化氢合成炉反应热通过夹套冷却水转移，产生大量高温热水。作为天业生态工业系统的关键产业链，水泥产业链采用了大量的节能技术和工艺设计，大幅度降低了电能的消耗，充分利用了余热。

（3）园区类型归纳

新疆天业生态工业园内主要的产业为水泥、热电、化工、矿业、农业、食品等产业，为多个产业聚集的园区，因此该园区属于多产业混合型园区。

典型案例12：山东鲁北生态工业园

（1）案例背景

山东滨州鲁北国家生态工业园——以盐化工和无机化工为主体的循环经济基地。该生态工业园以山东鲁北集团总公司为主体，鲁北集团是一家以化工为主的国有大型企业集团，下设鲁北化工股份有限公司、鲁北盐场、鲁港化轻有限公司、氯碱厂、热电厂、合成氨厂等52家成员企业，横跨化工、轻工、建材、电力等10个行业。

鲁北集团前身是一个硫酸厂，最初主要生产硫酸，随着生产规模的扩大和业务领域的扩张，成立了鲁北集团，以磷铵、水泥、硫酸等生产为主。在磷铵生产过程中，磷石膏废料处理是一大难题，但磷石膏可以用作制造硫酸的原料，因此集团以此为契机建立了山东鲁北生态工业园。2010年，园区建成以磷铵-硫酸-水泥联产（PSC）为核心的生态工业体系，解决了磷石膏和二氧化硫窑气的资源化利用问题。2018年，鲁北集团进一步攻克脱硫石膏和钛石膏制硫酸联产水泥等技术难题，形成了以多种石膏制硫酸联产水泥及含硫固液废弃物协同处理体系，海水养殖、提溴、制盐等“一水多用”的阶梯型生态生产链，盐、碱、电联产，钛、硫、磷联产等多条循环经济产业链。鲁北工业园区的生态链、生产链又是废物利用链，让磷石膏、盐石膏、钛石膏、二氧化硫、钛白废酸、煤渣等成为工业生产的原料，解决了几乎所有工业废物的处理、处置问题，不仅减少了废物产生量和处理费用，还产生了很好的经济效益，使经济发展和环境保护处于良性循环之中，逐步构建了鲁北生态工业模式。2018年6月，滨州鲁北化工产业园经山东省人民政府认定公布为省级化工园区；2020年，获批国家级生态工业示范园区。目前，鲁北集团仍在继续拉伸产业链，将硫酸亚铁、工业硫酸等低附加值产品实现转型利用，生产锂电池等新材料，开辟新的循环经济产业链条。

（2）园区内企业间的物质流交换关系

园区内企业间的物质流具体交换关系如图4-15所示。

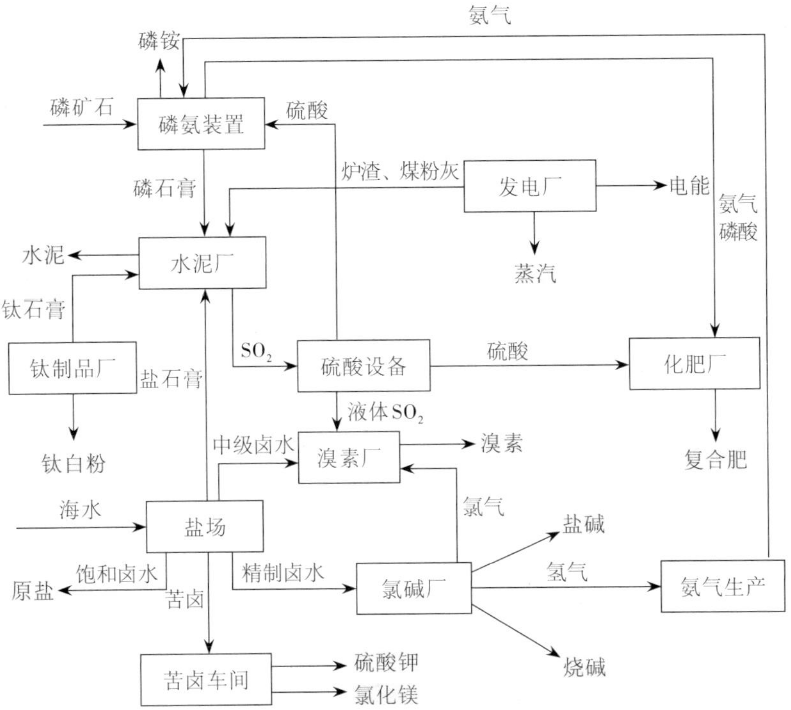

图4-15 鲁北生态工业园物质流交换关系

磷铵、硫酸、水泥联产装置，用生产磷铵排放的废渣磷石膏，制造硫酸并联产水泥，硫酸返回用于生产磷铵；发电厂以劣质煤和煤矸石为原料发电，炉渣用于水泥厂生产水泥；海洋化工则构建了海水“一水多用”生态产业链——初级卤水养殖，中级卤水去往溴素厂提溴，饱和卤水去往盐场制盐，苦卤则由苦卤车间提取钾、镁，盐场废渣盐石膏去往水泥厂制水泥，精制卤水送到氯碱厂制取烧碱，氯碱厂产生的氯气流向溴素厂，氢气加工成氨气后流向磷铵装置用于磷铵生产；水泥厂以磷铵装置输送的磷石膏、盐场输送的盐石膏、钛制品厂输送的钛石膏、发电厂输送的炉渣、煤粉灰等废料为原料生产水泥，同时联产二氧化硫，由硫酸设备转化为硫酸和液体二氧化硫，硫酸分别流向磷铵装置和化肥厂，用于生产磷铵和复合肥，液体硫酸则被溴素厂用于生产溴素。

（3）园区类型归纳

鲁北生态工业园内主要的产业包括金属、化工、海洋化工、热电等多板块，为多个产业聚集的园区，因此，该园区属于多产业混合型园区。

4.4 资源再生型产业园区案例分析

资源再生型产业园区通常是指，园区内的核心企业以废弃物资源为原料生产产品，并构建与之链接的供应链关系而形成的产业园区。

以下展开分析的美国乔克托生态工业园、英国亨伯工业园以及本书搜集的英国中西部产业共生项目、青白江工业园区等4个案例均可归纳为资源再生型工业园区。

典型案例13：美国乔克托生态工业园

（1）案例背景

乔克托生态工业园区成立于1993年，位于美国中南部的俄克拉何马州，该地区既拥有俄克拉何马州传统的农业和采矿业，同时也拥有大量的汽车废旧轮胎。乔克托生态工业园区主要采用高温分解技术将这些废旧轮胎资源化而得到炭黑、塑化剂和废热等产品，并衍生出不同的产品链。园区内主要有：碎钢回收厂、硬橡胶轮胎制造厂、塑料化工厂、轮胎高温分解公司、轮胎破碎公司、炭黑处理公司、塑料制品公司、墨盒生产/回收公司、园区灌溉、污水处理厂等。

（2）园区内企业间的物质流交换关系

园区内企业间的物质流交换关系，如图4-16所示。

乔克托园区内部的企业通过网络化，协同、共生，构成了一个生态型工业体系。园区回收的废旧塑料品作为原料，直接供给塑料生产厂。废旧轮胎先抽取其中的钢丝，然后粉碎成橡胶颗粒。钢丝集中处理后，可作为钢材再利用。轮胎碎片通过传送带输送到轮胎高温分解公司，进行高温分解，得到塑化剂和炭黑。炭黑以浆的形式经过管道输送到炭黑处理公司，生产用于激光复印机和传真机的墨粉。炭黑和塑化油又经管道送到硬橡胶轮胎制造厂，生产小型硬胶轮胎。工厂空颜料盒回收处理，装满颜料后再利用。轮胎高温分解公司释放的废热送到无土栽培植物大棚作暖气。城镇废水处理后，一是供给轮胎高温分解公司等作冷却水；二是供给水池作为其他用途的备用水（如消防用水）；三是供给无土栽培植物大棚配成植物生长营养液；四是作为园区土地灌溉用水。

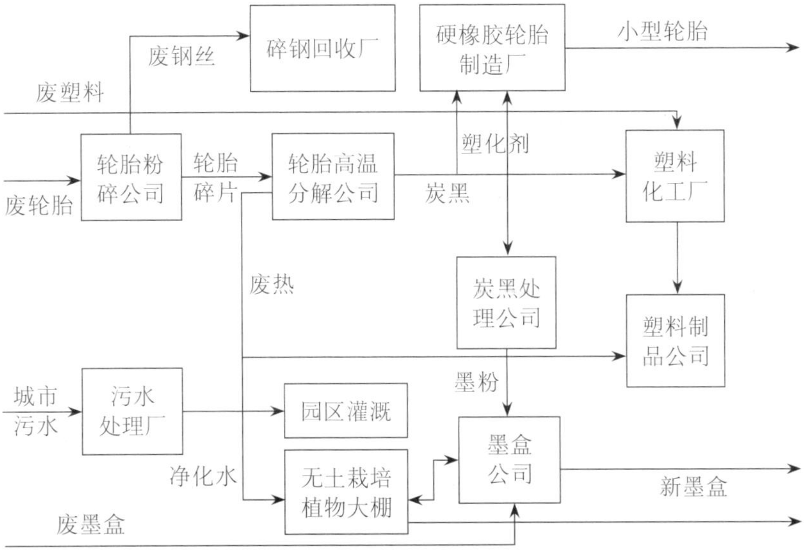

图4-16　美国乔克托生态工业园物质流交换关系

（3）园区类型归纳

乔克托生态工业园显著的特征是以园区外输入的废弃物——废旧轮胎作为生产原料，从而形成了两个链接精密的主导产业，即轮胎制品业和塑料制品业。因此，该园区应该归属于资源再生型产业园区。

4.5　农产品加工与生活混合社区案例分析

农产品加工与生活混合社区型产业园区通常是指：园区以农村自然村落为依托，园区内农业生产和农户生活结合，以当地加工的农产品为主导产品建成的产业生态化园区。

以下展开分析的菲律宾玛雅农业生态园、留民营生态产业园区两个案例均可归纳为农产品加工与生活混合社区型产业园区。

典型案例14：菲律宾玛雅农业生态园

（1）案例背景

以菲律宾玛雅农场为基础建成的玛雅农业生态园是生态农业的典型代表。在20世纪70年代，玛雅农场还是一家中型面粉厂，经营者为了充分利用面粉厂产生的大量麸皮建立了养畜场和鱼塘，同时为了增加农场的收入建立了肉食加工厂，随着农场的发展他们又找到一块24公顷的丘陵地，扩大了生产规模，并将此农场取名为玛雅农场。截至1981年，该农场拥有36公顷的稻田和经济林，饲养了2.5万头猪、70头牛和1万只鸭。为了控制粪肥污染和循环利用各种废弃物，经营者又陆续建立起十几个沼气生产车间，每天产生沼气十几万立方米，提供了农场生产和家庭生活所需要的能源。另外，从产气后的沼渣中，还可回收一些牲畜饲料，其余用作有机肥料。产气后的沼液经藻类氧化塘处理后，送入水塘养鱼养鸭，最后再取塘水、塘泥去肥田，实现了物质的循环利用。经过10年的建设，玛雅农场不用从外部购买原料、燃料、肥料，而且没有废气、废水和废渣的污染，形成了一个农、林、牧、副、渔良性循环的生态农场。

（2）园区内企业间的物质流交换关系

菲律宾玛雅农业生态园内企业间的物质流交换关系如图4-17所示。

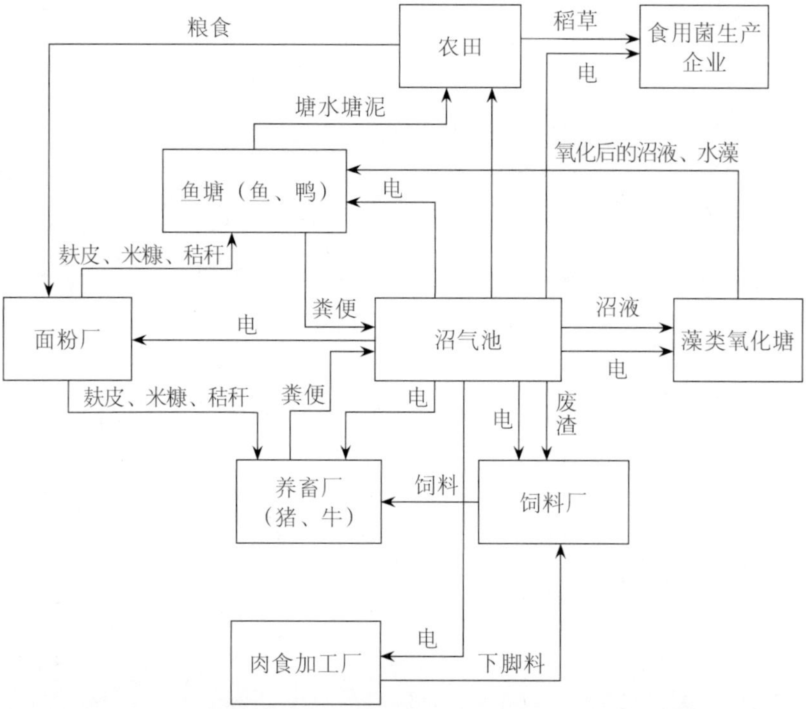

图4-17 菲律宾玛雅农业生态园内企业间的物质流交换关系

将收集的家禽、牲畜粪便等通过沼气池产生沼气，用于发电，供食用菌生产企业、面粉厂、肉食加工厂、饲料厂、鱼塘、养畜场和藻类氧化塘用电。

同时，面粉厂生产出来的麸皮、米糠和秸秆可作为饲料喂养猪和牛；屠宰场宰杀后的肉送到肉食加工厂；骨、血、皮等下脚料送至饲料加工厂生产饲料。牲畜粪便进入沼气池，产生的沼气进入贮气柜，一部分用于发电，一部分直接作为燃料；沼气池的残渣污泥，先送至沉淀池将固体和液体分开，固体污泥经饲料厂加工后用作动物饲料，其余用作有机肥料。产气后的沼液经藻类氧化塘处理后送入水塘，氧化塘营养丰富，可生产大量水藻，水藻用于养鱼，鱼塘还可养鸭子，鸭粪不仅是鱼的饲料，同时又促进了水藻和浮游生物的生长。鸭子的游动又对鱼塘起到了通风、充氧作用，促进了鱼类的生产，鱼塘的塘水和塘泥又是农田非常好的肥料。农田生产的粮食又送面粉厂加工，稻田的稻草可作为食用菌生产的培养基，进入又一次循环。

（3）园区类型归纳

菲律宾玛雅农业生态园以玛雅农场为依托，园区内农业生产和农户生活紧密结合，并且以当地农产品、副业产品加工为主导产品，构建出多次循环利用资源和废弃资源的生态化园区，是典型的农产品加工与生活混合社区。

典型案例15：北京留民营村的农业生态产业园

（1）案例背景

北京市大兴区留民营村位于北京东南郊平原，20世纪80年代初，与国内环保机构合作，开始生态农业试验，被联合国环境生态规划署评为“中国生态农业第一村”。北京留民营村最初是因为沼气可以解决农户们烧柴做饭问题而首先从建沼气池开始，后来进一步扩大沼气工程规模发展生态农业。该村围绕村中的沼气工程，发展种植业和养殖业，同时进行废弃物的交换和链接。留民营村的生态农业建设可以大体分为三个阶段：外源推动下的自发实践、有组织试验和继续调整逐步完善。经过20多年的努力，留民营村现已形成一个以大中型沼气工程为中心，可实现能量转换、物质循环及有机废弃物综合利用的生态化农业系统。

（2）园区内企业间的物质流交换关系

北京留民营村农业生态产业园的物质流交换关系如图4-18所示。

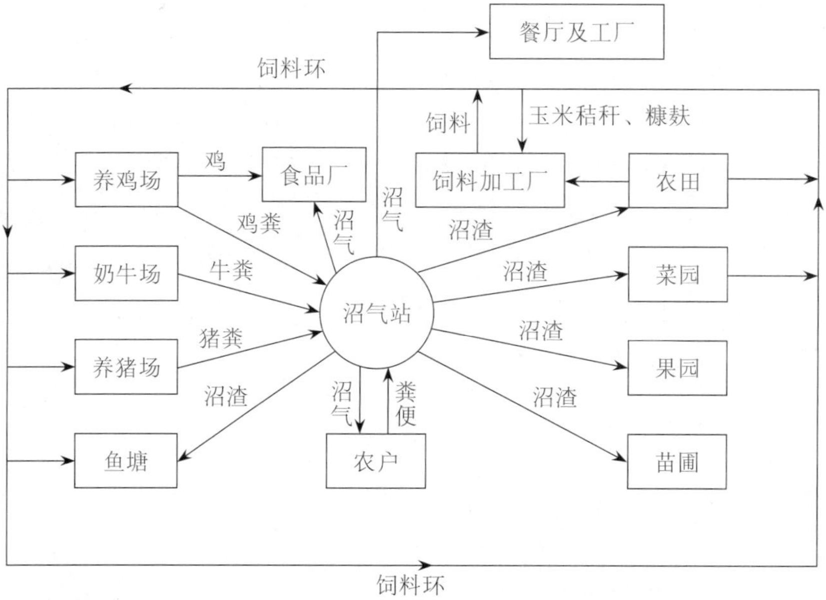

图4-18 北京留民营村农业生态产业园的物质流交换关系

养鸡场、奶牛场、养猪场等向沼气站提供粪便以产生沼气；同时这些企业向食品厂提供畜禽产品；沼气站为食品厂、餐厅及工厂、农户提供沼气作为燃料使用，向鱼塘、农田、菜园、果园、苗圃提供沼渣用作肥料；饲料加工厂向养鸡场、奶牛场、养猪场、鱼塘提供饲料；农田向饲料加工厂提供玉米秸秆、糠麸作为饲料加工原料，将田间秸秆等废弃物提供给养鸡场、奶牛场、养猪场、鱼塘作为饲料；将菜园、田间的废弃物提供给养鸡场、奶牛场、养猪场和鱼塘作为饲料。

（3）园区类型归纳

与菲律宾玛雅农业生态工业园基本相同，北京留民营村农业生态产业园以留民营村为依托，针对该村的自然条件和农副产业资源形成加工业，进行主副产品的循环链接，将农业生产加工和村民生活都纳入园区的生态一体化建设，因此属于农产品加工与生活混合社区。

4.6 本章的研究结果总结

本章经过对15个典型案例的描述，发现前述提出的研究假设1得到了案例信息的验证，可以按照园区产业类型将现有的产业园区划分为单产业主导型产业园区、多产业混合型产业园区、资源再生型产业园区以及农产品加工与生活混合社区型产业园区四种类型。

5 典型案例社会网络测算及生态化治理模式

由于生态工业园具有网络特征，因此本章采用社会网络分析法的分析思路，运用Ucinet软件，对典型案例进行网络图绘制；同时对主要网络参数进行测算，其目的是找出各种不同类型生态工业园的特征，进而总结出治理规则及模式，为新疆地区的产业生态化治理提供模式选择依据。

通过测算和分析，本章归纳总结出五种典型治理模式，即副产品链拓展治理模式、废弃物集中分解治理模式、产品加工自循环治理模式、固废再利用主导型治理模式和主产品链延伸治理模式。

5.1 副产品链拓展治理典型案例

5.1.1 卡伦堡生态工业园区

(1) 生态网络关系图

根据卡伦堡生态工业园区发展情况，采用社会网络分析法，运用

Ucinet软件绘制出主体的共生关系及生态网络（如图5-1和图5-2所示）。

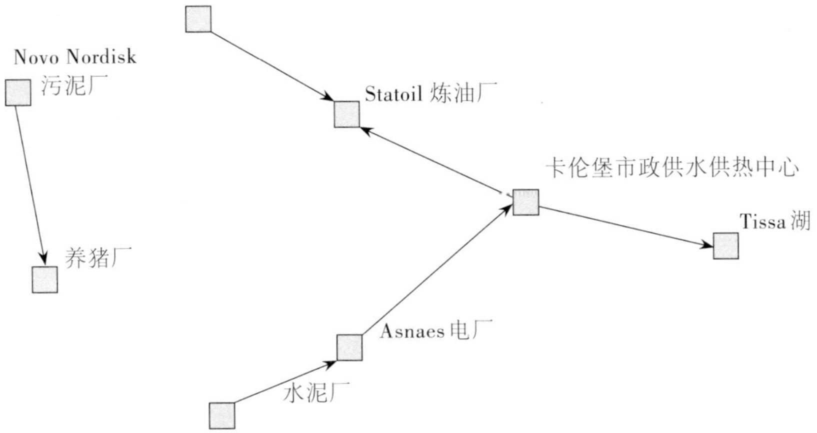

图5-1　卡伦堡工业园区最初的生态网络关系

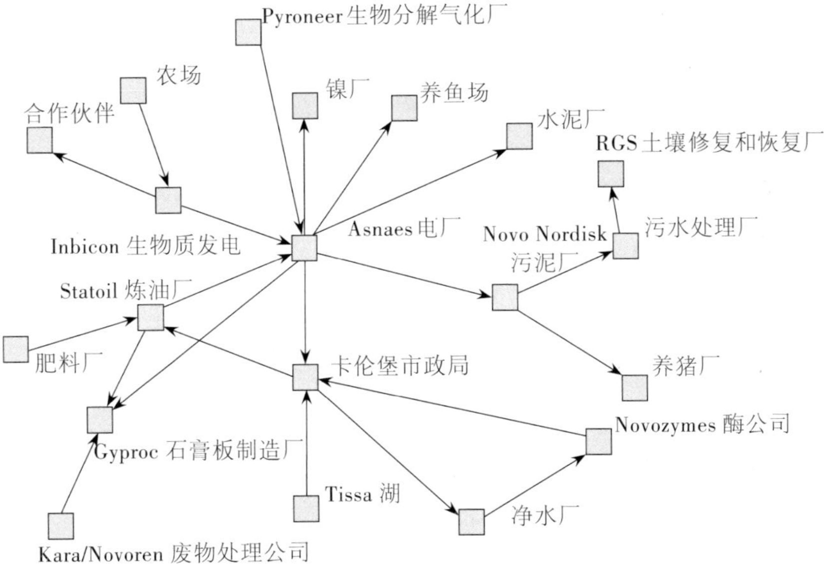

图5-2　卡伦堡工业园区发展后的生态网络关系

1961—1979年为起初阶段，卡伦堡园区的产业链接较为简单，并且存在两个游离在主要产业链之外的产业链条，例如：Novo Nordisk污泥厂和养猪场之间的链接关系。在下一个10年，卡伦堡园区内有的产业发展缓慢，直到1989年由当地的高中生发起的社区管道连接项目实施之后，卡伦堡的生态共生项目才引起人们的注意。又经过大概10年的发展，卡伦堡园区内的企业数量持续增加，该园区以Asnas电厂、挪威国家石油公司Statoil炼油厂为核心主体，扩展了废弃物链接网络，作为分解者的Novo Nordisk污泥厂也成为产业网络上的核心主体，并在这个分解者的基础上，增加了污水处理厂、RGS土壤修复和恢复厂等分解者链接关系，初步形成了副产品链拓展的发展态势。

2000年以后，卡伦堡就开始重点引进身份属于分解者的企业，例如Inbicon生物质发电厂、Kara/Novoren废物处理公司、Pyroneer生物分解气化厂和Novozymes酶公司等。这些分解者企业基本处于产业网络的最外端，成为副产品链拓展延伸的关键节点。

（2）网络密度与中心度测算

利用社会网络数据，通过Ucinet的凝聚力-密度-整体密度（Cohesion-Density-Density Overall）模块计算整体网密度，通过凝聚力-距离（Cohesion-Distance）计算网络平均距离（同时输出网络凝聚力指数，Compactness），通过中心性-中心度（Centrality-Degree）计算网络向外、向内中心度。下面其他案例的生态网络分析结果计算模块均运用了此处叙述的方法。

从表5-1中的数据可以看出，卡伦堡园区在几十年的发展历程中，产业网络的链接长度在不断增加，网络平均距离从最初的1.667，一直增加到2.643，表明了卡伦堡的产业网络体系呈现不断加速扩张的态势，通过大力引入分解者企业快速延长了产业网络的链接距离。网络平均距离的持续增加，表明了卡伦堡园区的产业链在不断加速延伸和拓展。

表5-1 **卡伦堡工业园区的社会网络分析结果**

时间段	整体网密度	网络平均距离	网络凝聚力指数	网络向外中心度	网络向内中心度
起始阶段	0.1071	1.667	0.155	20.408%	4.082%
目前阶段	0.0842	2.643	0.181	11.634%	6.094%

卡伦堡产业网络的向外中心度始终高于向内中心度，表明产业网络整体上物质或能量向外流出的趋势要高于流入的趋势，其原因是增加了

副产品链并实现了拓展。在主产品链的基础上通过引入废弃物处理企业，就可以从主产品链上向外输出废弃物，以供分解者企业完成生态化处理。

（3）产业链上企业的中间中心度测算

网络上主体的中心度反映了该主体对网络的控制力度，可以借此来衡量产业生态网络上企业的重要程度。采用Ucinet软件的中心性-弗里曼中间中间度-节点中间中心度（Centrality-Freeman Betweeness-Node Betweeness）模块（后续案例在进行此类计算时都采用本方式），计算卡伦堡工业园区内各阶段产业链上企业的中间中心度，见表5-2和表5-3。

表5-2 **卡伦堡生态工业园区起初阶段产业链上企业的中间中心度**

编码	产业链上的主体	中间中心度	中心度标准值
02	卡伦堡市政供水供热中心	4	9.524
03	Statoil炼油厂	2	4.762
04	Asnaes电厂	2	4.762
01	Tissa湖	0	0
05	Gyproc石膏板制造厂	0	0
06	水泥厂	0	0
07	Novo Nordisk 污泥厂	0	0
08	养猪场	0	0

表5-3 **卡伦堡生态工业园区目前产业链上企业的中间中心度**

编码	产业链上的主体	中间中心度	中心度标准值
04	Asnaes电厂	69	20.175
02	卡伦堡市政供水供热中心	52	15.205
03	Statoil炼油厂	34	9.942
07	Novo Nordisk 污泥厂	27	7.895
16	Inbicon生物质发电	22	6.433
15	Novozymes酶公司	14	4.094

续表

编码	产业链上的主体	中间中心度	中心度标准值
12	污水处理厂	10	2.924
18	净水厂	7	2.047
9	养鱼场	0	0
01	Tissa 湖	0	0
11	镍厂	0	0
10	肥料厂	0	0
13	RGS土壤修复和恢复厂	0	0
14	Kara/Novoren废物处理公司	0	0
05	Gyproc石膏板制造厂	0	0
06	水泥厂	0	0
17	农场	0	0
08	养猪场	0	0
19	合作伙伴	0	0
20	Pyroneer生物分解气化厂	0	0

从表5-2和表5-3中的数据可以看出，卡伦堡工业园区内处于中心地位的企业数量在不断增加，由起初阶段的3个企业，一直增加到目前的8个，但是从几十年的发展历程来看，核心主体企业数量的增加速度并不快。

卡伦堡工业园区的核心主体的变化遵循了增加分解者企业的路径，发展一段时期后引入分解者企业，并且引入的分解者企业在产业网络中都居于核心控制地位，网络中心度较大。例如：卡伦堡引入的Novo Nordisk污泥厂从非核心主体变成核心主体，并且在后续发展中始终保持了核心主体地位。经过发展，卡伦堡工业园区引入污水处理厂、Inbicon生物质发电、Novozymes酶公司，这些分解者企业都在网络中居于核心地位。

按照卡伦堡的发展历史轨迹，可以推测未来该园区的核心主体还将增加，并且会以分解者企业为主，例如：RGS土壤修复和恢复厂、Kara/Novoren废物处理公司、Pyroneer生物分解气化厂都将可能成为网络核心主体。

（4）园区生态化治理特征与模式分析

根据上述社会网络参数的定量分析，可以总结出卡伦堡工业园产业生态化治理的如下特征：

第一，开展自组织治理，历时多年，产业生态化网络中的企业数量从8个上升到20个，增长的速度并不快。

第二，具有控制力的核心主体企业从最初的3个发展到8个，主要通过增加分解者企业扩张产业生态网络，并且核心主体企业的控制力一直保持不变。例如，污泥处理厂在最开始还不是核心主体，逐渐与其他产业主体增加链接，变为核心主体，在后续的治理中其核心主体地位一直没有改变；接着，污水处理厂也成为核心主体；最后，生物质发电、净化厂等分解者也成为核心主体，后期的生态化治理的手段就是在原有的产业链接上不断增加分解者。

第三，卡伦堡园区作为通过市场形成的自组织型产业生态化治理的典型，其主体的增加速度高于产业网络链接数量的发展速度，与规划型的产业生态园不同，网络整体密度与主体增长速度不一致。

第四，核心企业之间的废弃物交换链接仍具有深入挖掘的潜力，产业生态网络不能仅仅依靠扩张网络主体来发展规模，还需要从不断增加核心主体企业之间的副产品链接来进行内涵式发展。

第五，卡伦堡园区产业链条的末端多为分解者企业，在发展后期副产品链条的数量多于主产品链条，因此该工业园区的生态化治理呈现出副产品链拓展的特征。

5.1.2 芬兰 Kymi 生态工业园区

（1）生态网络关系图

利用主体关系数据绘制出芬兰Kymi生态工业园企业之间的生态网络关系（如图5-3所示）。

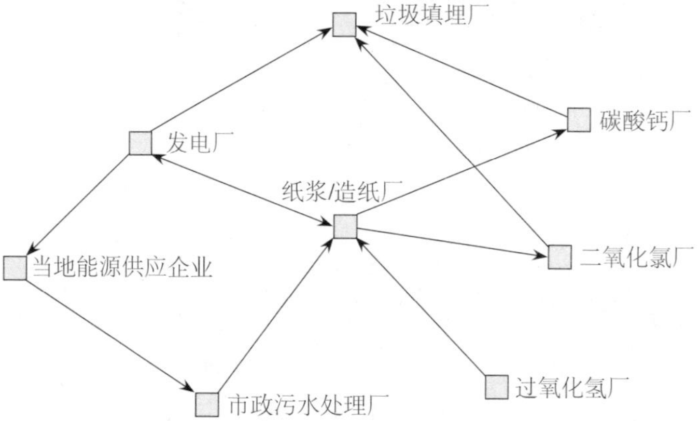

图5-3 芬兰 Kymi 生态工业园企业之间的生态网络关系

Kymi生态工业园主体的数量不多，共有8种存在物质流交换的企业类型，网络链接关系相对简单。Kymi生态工业园的企业数量与卡伦堡园区在发展初期的企业主体数量相同，但是Kymi生态工业园的企业都能通过物质流与整体的产业生态网络链接，并不像卡伦堡园区初期时那样，有两个企业游离在产业网络之外，没有物质流链接关系。这主要得益于Kymi生态工业园是由一个大型企业集团推动形成的，避免了产业生态链条断链的情况。

（2）网络密度与中心度测算

芬兰Kymi生态工业园的社会网络分析结果见表5-4。

表5-4 **芬兰 Kymi 生态工业园的社会网络分析结果**

整体网密度	网络平均距离	网络凝聚力指数	网络向外中心度	网络向内中心度
0.5179	2.023	0.469	26.020%	38.265%

与卡伦堡园区相比，Kymi生态工业园的企业之间的链接密度较高，整体网密度为0.5179，高于卡伦堡园区各阶段的水平，同时网络凝聚力指数也高，表明Kymi生态工业园企业之间的物质流交换程度从整体上看要高，并且是围绕核心企业展开的。

Kymi生态工业园的网络平均距离接近卡伦堡园区目前阶段的水平，表明即便企业数量较少，也可以在产业链条长度上达到与复杂网络的产业链条一致的水平。

Kymi生态工业园的网络向内中心度高于向外中心度，表明产业生态网络上的多数企业以吸收其他主体产生的物质流作为主要交换形式，从图5-3中可以观察到，2个核心主体，即纸浆/造纸厂和垃圾填埋场，其物质流入的关系较多，对整个产业生态网络的物质流向类型有显著影响。

（3）产业链上企业中心度测算

根据关系数据，得到芬兰Kymi生态工业园产业链上企业的中间中心度数据，见表5-5。

表5-5　　芬兰 Kymi生态工业园产业链上企业的中间中心度

编码	产业链上的主体	中间中心度	中心度标准值
04	纸浆/造纸厂	25	59.524
02	发电厂	9	21.429
05	市政污水处理厂	5	11.905
03	当地能源供应企业	5	11.905
01	二氧化氯厂	0	0
06	碳酸钙厂	0	0
07	过氧化氢厂	0	0
08	垃圾填埋厂	0	0

分析表5-5可以发现，该园区仅有的8个企业中，就有4个企业（分别是纸浆/造纸厂、发电厂、市政污水处理厂和当地能源供应企业）对产业生态网络的控制力强，处于产业生态网络的核心地位，尤其是纸浆/造纸厂、发电厂的控制力最强。这种情况与卡伦堡园区非常相似，传统的能源企业和主产品制造企业在发展过程中会一直处于核心控制地位。

此外，核心主体企业中也存在一个分解者企业，即市政污水处理厂，其中间中心度标准值为11.905，而垃圾填埋场还没有得到核心控制主体的地位。

（4）园区生态化治理特征及模式

从上述分析可以看出：

第一，在该园区内，纸浆/造纸企业和化工企业是整个产业链的核心，也是社会网络分析中的核心主体，处于主导地位，是园区的核心企业。

第二，由于能源、污水处理和垃圾处理与园区内的企业均有链接关系，处于废弃物链上，该园区的生态化水平较高，所以纸浆/造纸厂、发电厂、市政污水处理厂、当地能源供应企业这4个主体对产业生态网络的控制力强，同时，存在一个控制力强的分解者企业，即市政污水处理厂。

第三，以纸浆/造纸厂、发电厂的主产品链接为核心，通过构建污水处理厂、二氧化氯厂、碳酸钙厂和过氧化氢厂等分解者企业，形成副产品链接关系拓展的发展模式。由此可以得出结论，与卡伦堡生态工业园案例类似，该工业园区的生态化治理模式呈现出为副产品链拓展的特征。

5.1.3 准格尔矿业生态工业园

（1）生态网络关系图

根据准格尔矿业生态工业园的关系数据，绘制出该生态工业园企业间的生态网络关系（如图5-4所示）。

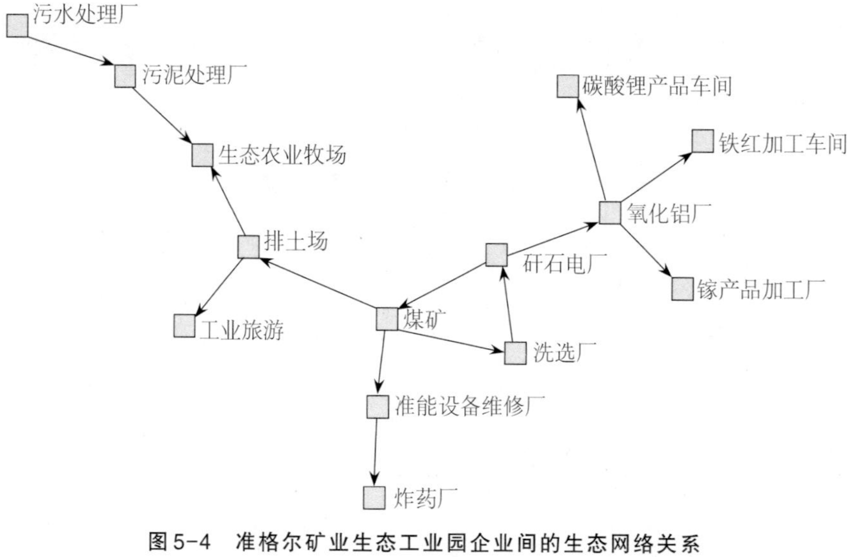

图5-4 准格尔矿业生态工业园企业间的生态网络关系

准格尔矿业生态工业园共有14个主体，都是以矿产为中心，围绕矿产资源的充分利用，形成了产业生态网络，矸石电厂以曾经的煤矿废料——煤矸石为原料进行热力发电；氧化铝厂凭借准格尔煤矿富含铝、镓等金属元素的特点，利用矸石发电后的废料——粉煤灰生产氧化铝、镓产品、碳酸锂、铁红等；煤矿开采产生的废土发展生态农业和工业旅游。

虽然该园区是以原煤开采和加工中产生的煤矸石和弃土等废弃物作为产业生态网络的初始物质，但在技术得以突破后，原来的固体废物得到进一步的利用，形成多种副产品，进而形成生态链，在该生态链中，矸石电厂和氧化铝厂既是固体废物的分解者，也是副产品的生产者。

（2）网络密度和中心度测算

准格尔矿业生态工业园的社会网络分析结果见表5-6。

表5-6　**准格尔矿业生态工业园的社会网络分析结果**

整体网密度	网络平均距离	网络凝聚力指数	网络向外中心度	网络向内中心度
0.077	2.167	0.137	16.57%	8.28%

从表5-6中的数据可以发现，准格尔矿业生态工业园的整体网络密度不高，因为准格尔矿业生态园以发展煤矿产业为核心，依“矿”发展，所以链接多为单项，但网络平均距离较高，高于卡伦堡园区前三个时期，同时也高于Kymi工业生态园，表明准格尔矿业生态工业园尽管产业单一，但因为煤炭副产品的多样性和氧化铝副产品链条长，该园区产业网络的链条延伸也比较长。

准格尔生态工业园的网络向外中心度高于向内中心度，表明产业网络整体上物质或能量向外流出的趋势要高于流入的趋势，因为园区利用了煤矿固废，分解者企业生态化处理废弃物，利用废弃物开发副产品，使得副产品链条得以拓展。虽然矸石电厂和氧化铝厂在主产品链上是废弃物分解者，但在副产品链条上是生产者。

该案例中园区内的矸石电厂、氧化铝厂等企业都是以废弃物为生产原料，但系统内各企业整体上物质的流出趋势较强，且利用的废弃物资源都是园区上游企业产生的，不存在系统外废物资源的输入，所以不能将其归为固废再利用主导型治理模式，而应归为副产品链拓展治理模式。

(3) 产业链上企业的中间中心度测算

准格尔矿业生态工业园内的核心企业总计有7个，该园区产业链上企业的中间中心度数据见表5-7。

表5-7　准格尔矿业生态工业园产业链上企业的中间中心度

编码	产业链上的主体	中间中心度	中心度标准值
07	矸石电厂	14	23.077
06	煤矿	11	30.769
09	氧化铝厂	9	30.769
05	排土场	6	23.077
01	洗选厂	5	15.385
10	准能设备维修厂	3	15.385
03	污泥处理厂	1	15.385
02	污水处理厂	0	0
04	生态农业牧场	0	0
08	镓产品加工厂	0	0
11	工业旅游	0	0
12	铁红加工车间	0	0
13	碳酸锂产品车间	0	0
14	炸药厂	0	0

其中，同时作为废弃物分解者和副产品生产者的矸石电厂的中心度最高，属于对产业生态网络影响程度最大的主体，矸石电厂使煤矸石得以继续利用，这是发挥了副产品的关键作用；此外，煤矿作为该系统的核心，中间中心度仅次于矸石电厂，中心度标准值最高；中间中心度处于第三位的是氧化铝厂，同样既是废弃物（煤粉灰）的分解者，又是副产品（氧化铝等）的生产者，所以在生态网络中处于较为核心的地位。

（4）园区生态化治理特征分析

首先，对于资源再生型园区来说，完全利用园区系统外部产生的废弃物作为资源输入，因此从物质流形态上较为容易判断其治理特征。美国乔克托生态工业园作为资源再生型园区，其生产过程完全受到外部废弃物的影响，因此属于固废再利用主导型治理模式。

其次，从社会网络分析结果来看，固废再利用主导型治理模式的各种量化特征不明显，但是因为受到废弃物流入和流出系统的物质平衡的制约，该种治理模式的网络向外中心度和向内中心度较为接近。

从上述分析可以看出：

第一，在该园区内，矸石电厂和氧化铝厂是整个产业链的核心，也是社会网络分析中的核心主体，处于主导地位，是园区主产业（煤矿开采和洗选煤）外的核心企业。

第二，该园区虽然以“废弃物再利用”为主导开发思想，但各环节生产使用的废弃物没有系统外输入，均是由上游企业产生，另外“废弃物”是相对于某一生产环节而言的，同时“废弃物”标准也会随着科学技术的发展而产生变化，所以该园区的治理模式在本质上是对“未完全利用的资源”的进一步开发使用，更加符合副产品链拓展治理模式。

第三，煤炭副产品循环利用性不强，所以该园区的网络多为单向关系，紧密性不强，在单向且单一的链条关系中，一旦链条中的某个环节断裂，整个网络就可能随之破碎。

呈现出副产品链拓展特征的案例，除上述的卡伦堡工业园区和芬兰 Kymi 工业生态园以外，还有本书作者收集的辽宁省抚顺矿业集团生态工业园区、中国台湾林园工业生态化示范区、韩国蔚山生态工业园、陕西省韩城龙门生态工业示范园、蒙西高新技术工业园区和甘肃省金昌市河西堡工业园等案例。

5.1.4 副产品链拓展治理模式归纳

从卡伦堡工业园区和芬兰 Kymi 生态工业园的典型案例可以总结出副产品链拓展治理模式的治理途径显现出的以下三个基本特征。

第一，该模式需要具有一直能够处于核心地位的企业群，并且核心企业之间形成了稳定的主产品交换关系。这个特征表现在社会网络分析结果上，会出现主产品生产企业的点的中心度最高，但是在后期的发展过程中，其中心度相对较为稳定，并且一定有分解者企业的点的中心度迅速提高的现象。

第二，围绕主产品链，通过引入污水处理、固废循环利用等分解者企业，或者在主产品链接上不断创新出废弃物交换关系，形成副产品链不断拓展的发展态势。因此，该模式不仅仅局限于通过扩张产业生态网络规模的方式来完成治理，还可以通过创新现有主体企业之间的废弃物交换关系实现生态化发展。

第三，该种治理模式下的产业生态网络的平均距离会不断增加，但是整体网络密度的增加速度相对较慢。当采用引入分解者为主要扩张手段时，网络的向外中心度会高于向内中心度，如初期的卡伦堡工业园和准格尔矿业工业园。当侧重于创新现有主体之间的副产品链接关系时，网络的向内中心度会高于向外中心度，如Kymi工业生态园。

副产品链拓展治理模式对我国的生态化建设具有重要的参考价值。我国自1984年改革开放以来，中央政府批准建设了一大批经济技术开发区和高新技术园区，此类型商务园区均属于多产业混合型园区，亟待进行生态化改造，其实现路径可以参考副产品链拓展治理模式。

具有副产品链拓展治理特征的辅助案例还有：韩国蔚山生态工业园、辽宁省抚顺矿业集团生态工业园区、陕西省韩城龙门生态工业示范园、中国台湾林园工业生态化示范区、蒙西高新技术工业园区和甘肃省金昌市河西堡工业园。

5.2 废弃物集中分解治理典型案例

5.2.1 日内瓦产业生态园

（1）生态网络图

日内瓦产业生态园的生态网络关系如图5-5所示。

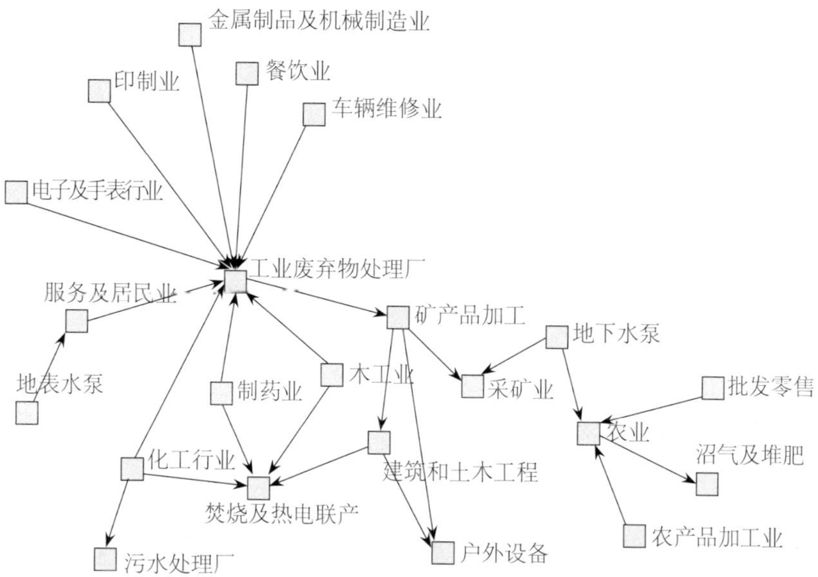

图5-5　日内瓦产业生态园的生态网络关系

日内瓦产业生态园在2008年时参与产业生态关系的企业总数为12个，主要围绕着陶瓷企业、堆肥及能源企业构造产业生态网络。到2010年，经过短短两年时间，日内瓦产业生态园迅速地增加了参与产业生态关系的企业，总数达到22个，与卡伦堡园区同期所包含的主体数量相近。能够在如此短的时间内重新构造产业链接，其主要原因是在政府介入的基础上，充分利用现存的行业，可以较为便利地设计出物质流交换关系。

日内瓦产业生态园的网络关系的最外围企业多数是消费者或者生产者企业，而不像卡伦堡园区，其网络节点末端存在大量的分解者企业。日内瓦产业生态园网络关系反映出的一个突出特征，就是围绕着分解者企业形成物质流交换关系，如工业废弃物处理厂。其发展思路不是发展现有主产品生产企业的链接，而是通过增加分解者企业形成以分解者企业为核心节点的产业生态网络。

（2）网络密度与中心度测算

根据关系数据，计算出的社会网络分析结果见表5-8。

表5-8　　日内瓦产业生态园的社会网络分析结果

年份	整体网密度	网络平均距离	网络凝聚力指数	向外中心度	向内中心度
2008	0.1515	1.500	0.153	6.612%	21.488%
2010	0.0779	2.876	0.165	3.930%	17.234%

日内瓦产业生态园的整体网密度在2008年较为接近卡伦堡园区的发展水平。但是到了2010年，由于快速扩张产业生态网络规模，主体增长的数量超过主体物质流链接的数量，导致整体网密度下降为0.0779，非常接近卡伦堡园区在目前的水平，说明日内瓦产业生态园遇到与卡伦堡园区相同的发展问题。

但是如前所述，日内瓦产业生态园的特点是在现有行业中通过增加分解者或者节点企业来链接，虽然短期能够提升和扩大产业生态网络发展的速度和规模，但是在众多行业中寻找到这样的分解者企业往往难度较大，容易出现本案例中多数行业将废弃物输出到工业废弃物处理厂，而其输出的物质流相对较少的情况。

由于工业废弃物处理厂、农业、服务及居民业等处于分解者或者消费者（生产者）的地位，尤其是工业废弃物处理厂，需要大量吸收工业垃圾，使得日内瓦产业生态园从整体上呈现出了网络向内中心度高于向外中心度的特征，这也是通过引入分解者节点企业构造产业生态网络的一种表现。

（3）产业链上企业的中间中心度测算

计算出该园区产业链上企业的中间中心度，见表5-9。

在2008年日内瓦产业生态园有陶瓷产业、当地堆肥及能源产品、污水处理厂三个核心主体，其网络上的中间中心度较大，对产业生态网络的控制力强。

从表5-9中可以看出，2008年日内瓦产业生态园同样有一个分解者企业，即污水处理厂居于核心主体地位。

表5-9　2008年日内瓦产业生态园产业链上企业的中间中心度

产业链上的主体	中间中心度	中心度标准值
陶瓷产业	5.500	5.000
沼气及堆肥	5.000	4.545
污水处理厂	2.500	2.273
化工行业	0.000	0.000
印刷业	0.000	0.000
农产品加工业	0.000	0.000
电子及手表行业	0.000	0.000
制药业	0.000	0.000
餐饮业	0.000	0.000
木工业	0.000	0.000
建筑和土木工程	0.000	0.000
车辆维修业	0.000	0.000

到了2010年，日内瓦产业生态园的核心主体增加到9个，分别是工业废弃物处理厂、矿产品加工、焚烧及热电联产、建筑和土木工程、化工行业、服务及居民业、采掘业和农业等主体，其对产业生态网络的控制力较强，该园区产业链上企业的中间中心度见表5-10。

尤其是两个分解者企业，即工业废弃物处理厂、焚烧及热电联产的中间度较高，也与日内瓦通过在现有行业基础上引入分解者节点企业构建产业生态网络的发展思路相吻合，这些节点企业存在大量的物质流入和流出，在产业生态网络上处于关键的位置，对网络影响程度最大。

与卡伦堡、芬兰Kymi、准格尔矿业生态工业园区的企业中心度情况相比较，日内瓦产业生态园的分解者企业，如工业废弃物处理厂等总体上的中心度较高，排在其他非分解者企业之前，体现出废弃物集中分解治理模式围绕分解者展开的特点。这个特点在本模式后续的案例中也存在。

表5-10 2010年内瓦产业生态园产业链上企业的中间中心度

产业链上的主体	中间中心度	中心度标准值
矿产品加工	86.000	20.476
工业废弃物处理厂	85.000	20.238
焚烧及热电联产	75.000	17.857
建筑和土木工程	67.000	15.952
批发零售	30.000	7.143
化工行业	24.000	5.714
农业	18.000	4.286
服务及居民业	11.000	2.619
采掘业	10.000	2.381
农产品加工业	0.000	0.000
印刷业	0.000	0.000
餐饮业	0.000	0.000
车辆维修业	0.000	0.000
电子及手表行业	0.000	0.000
木工业	0.000	0.000
户外设备	0.000	0.000
金属制品及机械制造业	0.000	0.000
沼气及堆肥	0.000	0.000
污水处理厂	0.000	0.000
制药业	0.000	0.000
地表水泵	0.000	0.000
地下水泵	0.000	0.000

作为废弃物集中分解治理的核心，本案例中的分解者企业，同时存在物质流入和流出关系，表明在采用本治理模式时，不能仅考虑分解者吸收废弃物，还要同时设计这些废弃物的流出关系链接。

（4）园区生态化治理特征分析

首先，日内瓦产业生态园的核心主体在短期内发生了较大变化，前期以污水处理厂和陶瓷企业构造核心产业链，在后期工业废弃物处理厂、焚烧及热电联产成为核心主体，前期作为主体的污水处理厂退出核心主体地位。后期的核心主体涉及的产业众多，有7类；农业、服务及居民业也是核心主体，但是影响力相对较弱。

其次，在政府的引导下，通过引入分解者企业，作为现有行业的废弃物集中分解者，来形成产业生态网络，在短期内迅速扩大产业生态规模。这些核心分解者企业的网络中心度相对较高，并且存在多个具有控制力的废弃物集中处理主体。产业生态网络的凝聚力指数在逐步增加，表明各种企业在围绕若干分解者核心企业开展生态化治理。因此，本案例属于废弃物集中分解治理模式。

此外，当园区中的每个行业存在类似的主体时，通过废弃物集中分解来开展生态化治理是一种较为有效的途径，这个特征在施蒂利亚生态工业园中也有所体现。

最后，产业生态网络以引入若干核心的分解者企业来形成物质流关系，因此在本案例中网络的向内中心度高于向外中心度，这个特征也普遍存在于本治理模式后续的案例中。其主要原因是核心分解者企业的作用就是吸收处理园区的废弃物，整体上呈现出物质向内流入的特点。

5.2.2 奥地利施蒂利亚生态工业园

（1）生态网络图

根据主体关系的数据，绘制出的施蒂利亚生态工业园的生态网络关系（如图5-6所示）。可以发现，同类企业的数量较多，例如有多个水泥厂和造纸厂，因此使得施蒂利亚生态工业园的产业链网络显得较为庞大。图5-6的左侧是围绕造纸行业、陶瓷行业形成的废弃物交换网络，而图5-6的右侧则是围绕水泥行业、炼钢行业形成的废弃物交换网络。两个产业网络通过中间企业，如造纸厂和发电厂，形成链接，并没有出现游离在产业生态网络之外的产业链条。

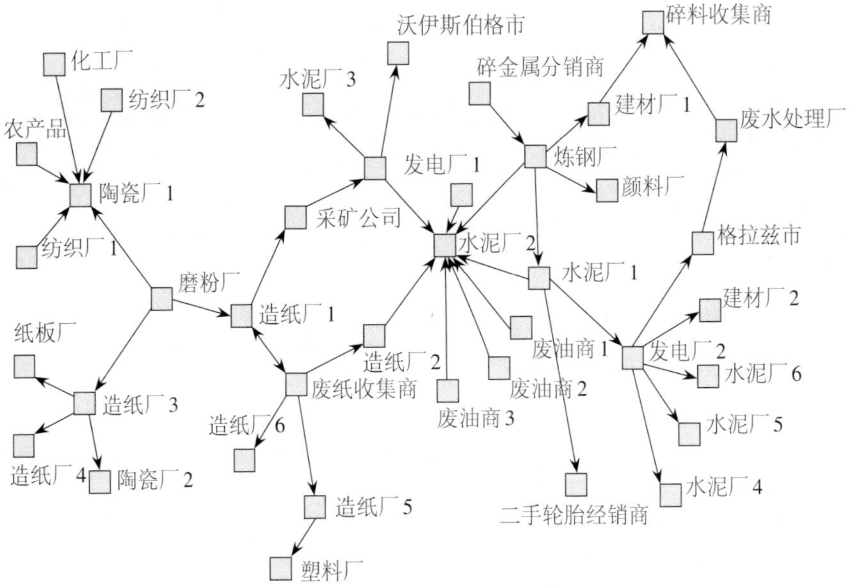

图5-6 奥地利施蒂利亚生态工业园的生态网络关系

（2）网络密度与中心度测算

施蒂利亚生态工业园有39个主体，是参与工业生态化企业数量较多的一个园区。运用Ucinet软件计算该园区企业间的社会网络分析结果，见表5-11。

表5-11 奥地利施蒂利亚生态工业园企业间的社会网络分析结果

整体网密度	网络平均距离	网络凝聚力指数	网络向外中心度	网络向内中心度
0.0337	1.651	0.043	7.722%	13.123%

施蒂利亚生态工业园的整体网络密度非常低，为0.0337，小于卡伦堡园区2011年的整体网络密度0.0842和日内瓦园区2010年整体网络密度0.0779。其主要原因有两个：一是主体数量较多，主体间产业链接的数量相对不足；二是相同类型的企业多次出现，在园区中建设了6个造纸厂、6个水泥厂和2个发电厂，而这些同类的企业并没有出现相同的物质流交换关系，甚至在这些同类企业之间也存在物质流交换关系，如

造纸厂3和造纸厂4之间存在纸浆输送链条，这使得主体之间的链接关系也显得相对不足。

上述现象表明，虽然在施蒂利亚生态工业园内部已经形成造纸、水泥、炼钢等产业集群，但是在构造产业生态关系时，不是从产业之间的整体物质流来进行设计，而是落实到产业集群中的每个企业，例如水泥行业中对6个具体企业都设计具体的物质流关系，既存在相同的废弃物交换关系，同时又允许存在不同的交换关系，这与自组织治理的特性有关。企业之间可以自由通过市场实现废弃物交换，因此治理的层次需要进一步分解到企业，而不是行业。

比较而言，施蒂利亚生态工业园的网络平均距离较小，为1.651；产业网络虽然看起来庞大，但是相同类型的企业占较大的比例，企业之间的物质流传递链条就较难增大。同时，生态工业园的网络向内中心度要高于向外中心度，说明该产业网络从整体上表现为吸收废弃物，分解型产业生态网络特征显著，这与该园区存在大量的副产品产业链以及集中分解中心的现象有关。

（3）产业链上企业的中间中心度测算

在本案例中，如果按图5-6测算中间中心度，由于主营业务相同的企业过多且物质交换关系分散，所以其中间中心度均为0，无控制力强的企业。根据企业的主营业务和企业间物质交换的相似性，将水泥厂4、水泥厂5和水泥厂6合并后，仅接收来自发电厂2的飞灰；将纺织厂1、纺织厂2合并后，为陶瓷厂提供废纺织品；将废油商1、废油商2和废油商3合并后，为水泥厂2提供废油和脱卤溶剂，由此测算出的中心度标准值依然很小，均小于1，具体结果见表5-12。

表5-12　**奥地利施蒂利亚生态工业园产业链上企业的中间中心度**

编码	产业链上的主体	中间中心度	中心度标准值
21	废纸收集商	10.000	0.947
13	造纸厂1	8.000	0.758
27	炼钢厂	5.000	0.473
22	废水处理厂	4.000	0.379
02	发电厂2	4.000	0.379

续表

编码	产业链上的主体	中间中心度	中心度标准值
07	水泥厂 1	3.000	0.284
15	造纸厂 3	3.000	0.284
14	造纸厂 2	3.000	0.284
01	发电厂 1	3.000	0.284
34	碎料收集商	3.000	0.284
17	造纸厂 5	3.000	0.284
04	格拉兹市	3.000	0.284
11	建材厂 1	2.000	0.189
08	水泥厂 2	0.000	0.000
12	建材厂 2	0.000	0.000
16	造纸厂 4	0.000	0.000
03	沃伊斯伯格市	0.000	0.000
06	陶瓷厂 2	0.000	0.000
19	纸板厂	0.000	0.000
20	采矿公司	0.000	0.000
09	水泥厂 3	0.000	0.000
05	陶瓷厂 1	0.000	0.000
23	废油商	0.000	0.000
24	燃料生产商	0.000	0.000
25	农产品加工厂	0.000	0.000
18	造纸厂 6	0.000	0.000
10	水泥厂 4、水泥厂 5、水泥厂 6	0.000	0.000
28	碎金属分销商	0.000	0.000
29	二手轮胎经销商	0.000	0.000
30	塑料厂	0.000	0.000
31	磨粉厂	0.000	0.000
32	纺织厂	0.000	0.000
33	化工厂	0.000	0.000
26	颜料厂	0.000	0.000

从点的中心度计算结果可以看出，在施蒂利亚生态工业园中，中心度在0以上的主体共有13个，但是中心度的标准值都不超过1。在中心度大于1的企业中，中心度最高的企业是废纸收集商，表明该产业网络具有利用外部废弃物输入废弃物的特性，废纸收集商为造纸产业集群内的企业提供原材料。此外，废水处理厂、碎料收集商等分解者企业也具有相对其他主体较为重要的地位。4个造纸厂、1个水泥厂和2个发电厂的中心度相对较大，其中造纸厂1的中心度仅次于废纸收集商，表明在造纸产业集群中，也有一个对产业控制力相对较强的企业，而其他企业的中心度相同，都为3.000。同时，本案例中作为分解者的废纸收集商等企业，在产业网络中的中心度总体较高，排在其他非分解者的企业之前。此外，本案例中的分解者企业，同样存在物质流入和流出关系。

（4）园区生态化治理特征及模式

首先，产业网络中的主体多，有39个，其中13个主体是核心企业，但是影响力与其他生态工业园相比都较小，点的中心度标准值均在1以内，其主要原因是这些核心企业要么是以物质流入为主，要么是以物质流出为主，没有二者兼具的情况；格拉兹市和沃伊斯伯格市作为主体与产业生态网络关联，前者具有核心主体地位，园区内的发电厂和污水处理厂为两个城市提供资源，格拉兹市与网络的物质流入流出的交换较多，因此具有核心主体地位。

在企业数量较多的产业生态网络中，废纸收集商、废水处理厂等分解者企业的中心度较高，形成废弃物集中分解的格局，因此该园区属于废弃物集中分解治理模式。

与日内瓦生态工业园相同，施蒂利亚生态工业园的多个行业都存在多个相同的企业，这为引入分解者企业提供了便利，能够寻找出产业链上共同的废弃物循环利用关系，降低了生态化治理的交易成本。

其次，副产业链数量远多于主产业链数量，整个产业的生态网络主要由废弃物交换来运作；围绕废纸收集商、废水处理厂等分解者构建具有高影响力的产业链条，与这两个主体相连接的线的中心度较高；副产业链的长度较长，最多由5个主体构成，比主产业链的长度还要长。

再次，网络向内中心度高于向外中心度，废纸收集商、废水处理厂等分解者为影响力高的核心主体，总体上物质流入关系较多，这再次说明废弃物集中分解治理模式的物质流总体向内流动的特征。

最后，产业生态网络的末端主要由生产者和消费者类型企业构成，网络链接关键点由分解者和生产者类型企业构成；产业生态网络连通度较好，每个企业都链接进入网络中。

5.2.3 重庆市建桥工业园区

（1）生态网络图

根据物质流关系，绘制出重庆市建桥工业园区的生态网络关系（如图5-7所示）。从图5-7中可以看出，污水处理厂处于该网络的中心，依托农业、五金、建材等行业企业，形成规模较大的产业生态网络。

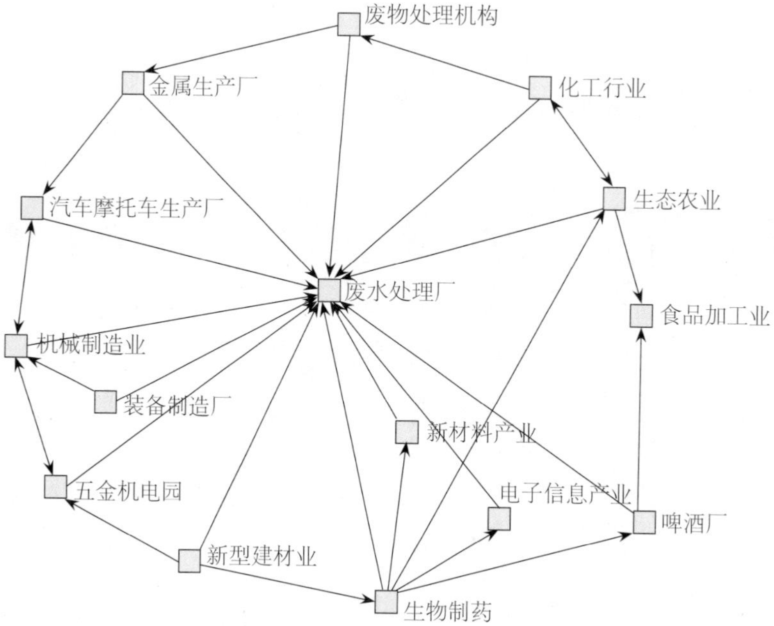

图5-7 重庆市建桥工业园区的生态网络关系

（2）网络密度和中心度测算

根据主体间的关系数据，其社会网络分析结果见表5-13。重庆市建桥工业园区的整体网络密度处于所有案例中的中间水平，但是网络平均距离排在第三位，主要原因是各种产业之间在彼此存在物质流交换关系的基础上，位于下游的企业都向污水处理厂发生物质流出，因此，这种由三个主体构成的产业链条居多，整体的产业链长度较长。

表5-13 **重庆市建桥工业园区的社会网络分析结果**

整体网密度	网络平均距离	网络凝聚力指数	网络向外中心度	网络向内中心度
0.1583	2.612	0.289	11.556%	89.778%

该产业生态网络存在一个污水处理厂，各企业都向其流出物质，因此产业网络的向内中心度要高于向外中心度，整体上网络以吸收产业系统产生的废弃物为主。本案例再次验证了前述两个案例提出的废弃物集中分解治理模式具有物质流向内的这一特征。

（3）产业链上企业的中间中心度测算

根据重庆市建桥工业园区的主体关系数据，计算该园区产业链上企业的中间中心度，见表5-14。在该工业园区中的15个主体中，具有核心地位的主体项目较多，其中：新型建材、生物制药、废物处理和五金机电等行业具有显著的控制地位。而为各行业服务的污水处理厂未成为该产业网络的核心主体，主要原因是对污水的后续梯级利用程度不高，污水处理厂的物质流出关系少。在这点上，与前述的日内瓦园区和施蒂利亚园区相比，建桥园区的废弃物集中治理模式存在改进的空间。

表5-14 **重庆市建桥工业园区产业链上企业的中间中心度**

编码	产业链上的主体	中间中心度	中心度标准值
06	生物制药	39.000	21.429
02	生态农业	30.000	16.484
03	废物处理机构	26.500	14.560
05	化工行业	24.000	13.187
07	新型建材业	16.000	8.791
15	金属生产厂	9.500	5.220

续表

编码	产业链上的主体	中间中心度	中心度标准值
11	机械制造业	5.500	3.022
12	汽车摩托车生产厂	5.000	2.747
13	五金机电	4.500	2.473
04	啤酒厂	2.000	1.099
01	食品加工业	0.000	0.000
09	新材料产业	0.000	0.000
10	电子信息产业	0.000	0.000
14	装备制造厂	0.000	0.000
08	废水处理厂	0.000	0.000

新型建材、生物制药同时具有分解者和生产者的身份，与废物处理机构一起共同构建出园区的分解者企业群体，这些主体的中心度总体上较高，排序比其他非分解者企业靠前。

（4）园区生态化治理特征分析

第一，园区内引入同时具有分解者和生产者身份的企业，如新型建材、生物制药等企业，这些企业与废物处理机构共同构成了废弃物集中处理的核心群体，这些群体的网络中心度较高，表明本园区属于废弃物集中分解治理模式。

第二，在物质流形态上处于大量流入的污水处理厂，由于只是起到分解者的作用，没有开展污水的梯级利用，向外流出的物质关系较少，因此在网络中并不具有核心的地位。

5.2.4 废弃物集中分解治理模式归纳

通过对日内瓦园区、施蒂利亚园区和建桥园区三个典型案例的分析，可以总结出废弃物集中分解治理模式的治理途径有如下特点。

首先，在现有园区主产品链条上，对主产业链形成的废弃物，通过引入若干核心的分解者企业来处理利用，形成废弃物集中再循环、再利用的模式。具体可以引入处于核心地位的分解者企业，或者引入同时具有分解者和生产者身份的企业，对园区内的各种废弃物开展集中生态化治理。其特征是不局限于通过在主产品链接上增加分解者的方式来形成生态化发展，而是以若干主产品链产生的共同的废弃物处理需求为基础，在产业链条之间构建规模较大并且处于核心地位的分解者企业。

其次，对于属于废弃物集中分解治理模式的产业生态网络，其网络向内中心度要普遍显著高于向外中心度，体现出物质流总体上向若干核心分解者集中的态势。

再次，产业生态网络的末端主要由生产者和消费者类型的企业构成，与副产品链拓展的治理模式不同，后者主要是以分解者和消费者类型的企业作为网络的末端主体。

最后，对于多产业混合型园区，如果某个产业中存在相类似的多个企业，则可以采用废弃物集中分解的治理模式，在较短的时间内构建出产业生态网络，以便于降低生态化治理的交易成本。

在本书作者收集的案例中，可以归纳为废弃物集中分解治理模式的辅助案例还有：芬兰森林工业生态园、合肥市高新技术产业开发区、包钢生态工业园和江西星火工业园。

5.3 产品加工自循环治理典型案例

5.3.1 山东九发农业生态工业园

（1）生态网络关系图

根据物质流交换关系，绘制该园区企业之间的生态网络关系（如图5-8所示）。

从该图5-8中可以看出，九发农业生态产业园所涉及的主体数量不多，但是彼此之间的物质流交换关系较为紧密，围绕果蔬汁、双孢菇、真姬菇等产业形成密集的关系网。

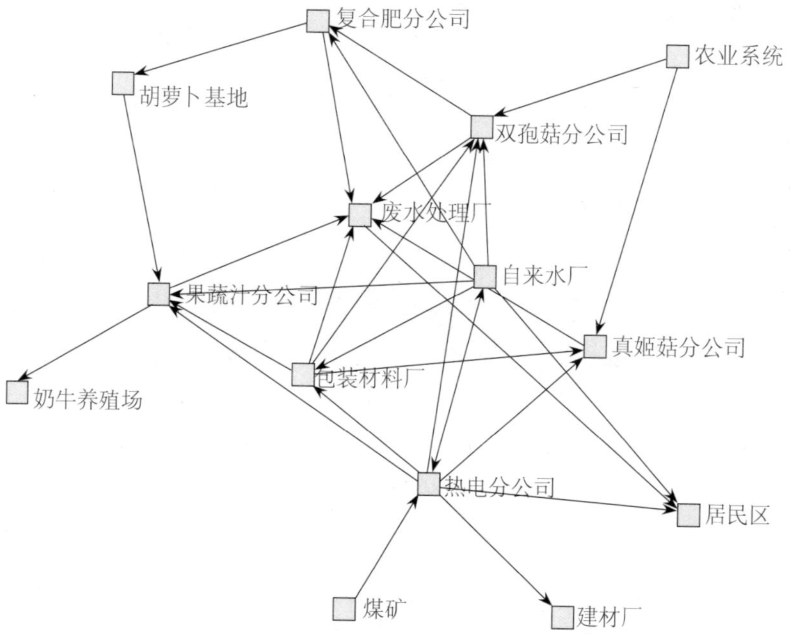

图5-8 山东九发农业生态工业园的生态网络关系

（2）网络密度和中心度测算

根据主体之间的关系数据，其社会网络分析结果见表5-15。

表5-15 山东九发农业生态工业园的社会网络分析结果

整体网密度	网络平均距离	网络凝聚力指数	网络向外中心度	网络向内中心度
0.2308	1.849	0.272	35.897%	13.807%

作为围绕农业产业形成的生态化系统，对园区内企业产生的废弃物实现最大程度的循环利用，使得主体之间形成众多的链接关系，因此，九发的整体网密度相对较高，类似于芬兰Kymi的林业产业园，主体数量少，但是农业、林业等第一产业中各生产环节的链接关系较为成熟和简单，因此主体之间物质交换的数量相对较多，导致产业生态系统的网络密度要普遍高于其他产业。

从九发、贵港、留民营、斐济、玛雅等生态工业园的数据来看，围绕第一产业构建的产品加工自循环产业生态系统的网络密度都相对较高，但是从总体上分析，这个结果是否表现显著，则需要后续的进一步检验。

九发生态工业园的网络向外中心度高于向内中心度，表明该产业的生态系统从总体上属于物质流出型，结合图5-8，除了污水处理厂、居民区、建材厂等少数几个主体存在物质流入，其他主体向外流出物质的情形居多。贵港、留民营、斐济、玛雅等以农业为核心的产业生态园也都存在这种情况。

从网络平均距离、网络凝聚力指数上来看，农业产业生态系统中，这两个数值也都普遍相对较高。这表明属于产品加工自循环治理模式的产业园区，产业链得到了最大程度的延伸，从而使得网络平均距离的数值要高于其他治理模式的数值。

（3）产业链上企业的中间中心度

根据山东九发农业生态工业园的主体关系数据，计算该园区产业链上企业的中间中心度，见表5-16。

表5-16　**山东九发农业生态工业园产业链上企业的中间中心度**

编码	产业链上的主体	中间中心度	中心度标准值
02	复合肥分公司	16.143	10.348
08	热电分公司	13.143	8.425
03	双孢菇分公司	10.643	6.822
12	果蔬汁分公司	9.143	5.861
11	胡萝卜基地	6	3.846
14	自来水厂	3	1.923
01	农业系统	3	1.923
04	真姬菇分公司	0.643	0.412
09	包装材料厂	0.143	0.092
07	居民区	0.143	0.092
06	建材厂	0	0
10	废水处理厂	0	0
05	煤矿	0	0
13	奶牛养殖场	0	0

从上述结果可以发现，九发农业生态工业园的产业系统中，为整个园区提供电能的热电公司和为园区提供复合肥的企业处于网络最为核心的位置。围绕这两个主体形成了相对较多的物质流入流出关系。双孢菇分公司、果蔬汁分公司、胡萝卜基地的中心度相对热电厂和复合肥企业较低，表明九发生态工业园是以农产品加工产业为基础，通过增加与相关辅助产业的物质流交换关系，形成产业生态化系统。

自来水厂在九发生态工业园中也是较为核心的主体，表明农业生态化系统中对水资源的重视，为产业园区配套建设供水企业。在社会关系网络图中，九发生态工业园的污水处理厂接收整个园区的污水，物质流入的关系居多，而缺乏向外发出的物质流出关系，表明污水处理后的利用程度不高，使得该污水处理厂并未成为产业生态系统中的核心主体，与卡伦堡园区等重视污水再利用的产业园相比，九发生态工业园在该方面还存在进一步挖掘生态化关系的空间。

此外，九发农业生态工业园将居民区的物质消费需求纳入产业生态化系统中，通过热电、自来水、污水等企业，为居民区提供服务，使得社区对产业生态网络也具有一定的影响力，在构建农业生态化网络关系时，增加节点企业可以在满足农业生产加工需求的基础上，兼顾居民社区的物质和能源需求。这一点在农业产业系统靠近居民区或者在建设兼顾农业生产和居民生活的综合产业园区中，需要系统设计和规划。

九发农业生态工业园中，具有核心控制力的主体数量相对较多，在14个主体中，有71.4%（10个）的主体都对网络有影响力。

（4）园区生态化治理特征分析

首先，农产品综合利用产业链属于集成了主副产品的产业链条，两端为废弃物交换，中间环节为主产品交换，并且产业链延伸长度较长，网络平均距离和凝聚力指数相对较高。废弃物在园区得到最大程度的生态化利用，因此属于产品加工自循环治理模式。

其次，九发农业生态工业园中主体的数量不多，但是由于产品加工自循环治理模式导致彼此之间的物质流交换关系丰富，产业生态网的整体密度较高，网络向外中心度高于向内中心度，产业生态系统总体上属于物质流出型。

再次，热电公司和复合肥企业等农业生产辅助主体处于产业生态网中最为核心的地位，自来水企业也处于较为重要的地位，表明这些辅助企业是构造农业产业生态系统时需要关注的关键主体。

最后，水资源的利用程度较高，但是污水处理厂作为终端分解者在产业生态网络中并未处于核心主体的地位，需要继续为其延长资源再利用环节，使得污水处理厂同时存在较多的物质流输入和输出关系，来提升其在网络中的控制力和影响力。

5.3.2 贵港国家生态工业（制糖）示范园

（1）生态网络关系图

根据物质流关系，绘制贵港国家生态工业（制糖）示范园的生态网络关系，如图5-9所示。

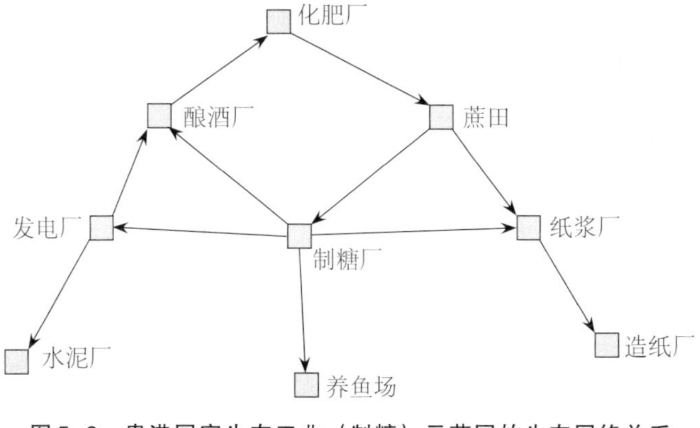

图5-9 贵港国家生态工业（制糖）示范园的生态网络关系

该生态示范园虽然网络结构简单，并且存在三个作用相同的制糖厂（在绘制网络图时将这三个主体合并为一个主体），但是可以看出，园内形成了多个循环网络，因此该生态示范园的生态化水平较高。

（2）网络密度和中心度测算

根据主体之间的关系数据，计算贵港生态工业园的社会网络分析结果，见表5-17。

表5-17 **贵港国家生态工业（制糖）示范园的社会网络分析结果**

整体网密度	网络平均距离	网络凝聚力指数度	网络向外中心	网络向内中心度
0.1944	2.488	0.305	38.281%	10.156%

从表5-17中可以看出，以农业为主的贵港生态工业园，主体数量少，为9个与农业生产相关的企业；而且产业生态网络的整体网密度也仅处于所有案例的中间水平，小于九发农业生态工业园的整体网密度。但是贵港的网络平均距离处于所有案例的前列，产业网络中多数链条的长度较长。

同时该生态示范园的网络向外中心度显著高于向内中心度，与九发等农业产业园相同，其产业生态化系统总体上以物质流出为主，表明此类系统的主体多倾向于向系统内外输出物质。产生这种现象的主要原因是，园区以最大程度利用废弃物为目标，尽可能将废弃物在园区主体之间进行循环，因此使得多数主体都具有向外输出废弃物的物质流关系。

（3）产业链上企业的中间中心度测算

贵港国家生态工业（制糖）示范园的主体数量有9个，根据这些主体之间的关系数据，计算其在产业链上企业的中间中心度，见表5-18。

表5-18 **贵港国家生态工业示范园产业链上企业的中间中心度**

编码	产业链上的主体	中间中心度	中心度标准值
01	蔗田	17.000	30.357
06	制糖厂	13.000	23.214
04	化肥厂	13.000	23.214
05	酿酒厂	9.000	16.071
02	纸浆厂	5.000	8.929
08	发电厂	4.000	7.143
03	造纸厂	0.000	0.000
07	养鱼场	0.000	0.000
09	水泥厂	0.000	0.000

表5-18的计算结果表明：蔗田、制糖厂、化肥厂、酿酒厂、纸浆厂、发电厂6个主体对产业生态网络的控制力强。其生态化发展的特征是以农产品生产过程中产生的主副产品为基础，而不是以农业生产辅助企业为核心，来构造产业生态化链条。同时，提供能源的发电厂并不是产业生态网络最为核心的主体，发电厂虽然具有一定的控制力，但是总体上的影响程度小于制糖厂等农业生产企业。

此外，贵港国家生态工业示范园并未形成明显的水资源梯级利用的环节，没有处理水资源副产品的污水处理厂，整个产业网络中缺乏分解者企业，也并未将居民纳入产业生态化发展的范畴中。

同时，该生态示范园中的核心主体所占比例较高，在9个主体中，有6个主体具有核心控制力，占到总体数量的66.6%，虽然不及九发农业生态工业园的水平，但是与卡伦堡等非单一农业的工业园区相比，这个比例还是比较高的。这说明，在农业生态工业园中，由于企业之间的物质流交换关系较为成熟，多数企业容易产生较多的物质流入和流出关系，不同的农业生态化发展模式存在较多可以彼此借鉴的内容。

（4）园区生态化治理特征及模式

首先，园区在构建主产品链接关系时，从最大程度上将废弃物纳入产业生态网络的自身循环体系中，依托农业中成熟的物质流交换关系设计方案，可以实现园区企业之间的最大关联，因此属于产品加工自循环治理模式。在该模式下，产业生态网络的整体密度相对较高，向外中心度高于向内中心度，表现为物质流出型生态化发展态势。

其次，围绕一条具有高度控制力的主产业链条，通过向下延伸副产业链的方式，拉长了产业链整体的长度。

再次，贵港生态产业园中存在三个性质相同的主体，在生态化发展中可以将其合并为一个主体来统一规划。贵港的农业产业生态化网络中的主体数量少，但是核心主体相对较多，9个主体中有6个是核心主体，所占比例达到66.6%。

最后，该产业园网络产业链条终端缺乏污水处理厂等分解者，对水资源的梯级利用程度不高。

从以上分析可以看出，该生态工业园治理模式属于典型的产品加工自循环治理模式。

5.3.3 斐济苏瓦生态工业园区

（1）生态网络关系图

根据斐济苏瓦生态工业园区内各主体的物质流关系，绘制出各主体的生态网络关系，如图5-10所示。

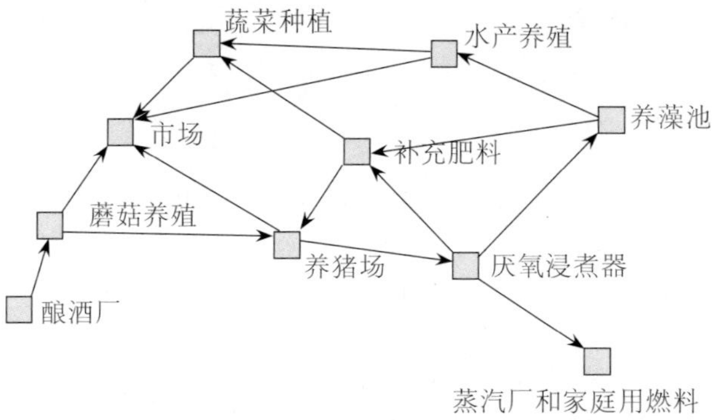

图5-10 斐济苏瓦生态工业园区的生态网络关系

从斐济苏瓦生态工业园区的社会网络图可以发现，对于农业产品加工自循环治理园区，产业生态网络整体上呈现环形，并且形成了多个循环往复环；网络中主体的身份多样，同时兼具生产者、消费者和分解者等身份。

（2）网络密度和中心度测算

测算出斐济苏瓦生态工业园区社会网络分析结果，见表5-19。

表5-19 **斐济苏瓦生态工业园区社会网络分析结果**

整体网密度	网络平均距离	网络凝聚力指数	网络向外中心度	网络向内中心度
0.1333	2.235	0.227	45.432%	25.679%

与九发和贵港生态工业园的情况类似，斐济苏瓦生态工业园区侧重于系统内部的废弃物循环利用，主体之间的物质流关系链接较为密切，因此整体网密度在30个案例中由高到低排序后处于中间位置。这个特点再次印证了上述两个案例揭示的产品加工自循环生态化治理的社会网络分析结果特征。

产品加工自循环的开展有利于延长园区内的产业链条，因此斐济苏瓦生态工业园区的网络平均距离在全部案例中的排序也相对靠前。同时网络向外中心度高于向内中心度，出现了与前述两个案例相同的结果。

（3）产业链上企业的中间中心度测算

计算斐济苏瓦生态工业园区产业链上企业的中间中心度，见表5-20。

表5-20　**斐济苏瓦生态工业园区产业链上企业的中间中心度**

编码	产业链上的主体	中间中心度	中心度标准值
07	厌氧浸煮器	19.000	26.389
05	养猪场	18.833	26.157
08	补充肥料	9.167	12.731
02	蘑菇养殖	8.000	11.111
06	养藻池	5.333	7.407
09	水产养殖	1.833	2.546
10	蔬菜种植	0.833	1.157
01	酿酒厂	0.000	0.000
04	蒸汽厂和家庭用燃料	0.000	0.000
03	市场	0.000	0.000

斐济苏瓦生态工业园区的10个主体中，有7个主体具有控制力，占到园区内所有企业的70%，与九发和贵港生态工业园的情况类似，表明产品加工自循环治理模式中，处于核心地位的主体所占比例较高。

（4）园区生态化治理特征分析

首先，斐济苏瓦生态工业园区以农业作为主导产业，在构建农产品上下游链接关系时，充分实现了废弃物的生态化利用，农业生产产生的废弃物在园区系统内通过兼具生产者、消费者和分解者身份的主体得到生态化治理。因此，该园区治理模式属于产品加工自循环治理模式。

其次，案例分析结果再次验证了类似的农业生态项目，例如：九发和贵港生态产业园所揭示的社会网络分析规律，即对于农产品加工自循环治理园区，产业生态网络的整体密度相对较高，产业链条较长，网络向外中心度高于向内中心度，总体上属于物质流出型。

最后，对于农产品加工自循环治理园区，产业生态网络中的核心主体数量所占比重较高，一般能达到70%以上，同时这些核心主体中并未强调引入单一身份为分解者的企业，例如：污水处理厂等，而是将兼具多种身份的主体作为产业生态网络的核心主体。

5.3.4 菲律宾玛雅农业生态园

（1）生态网络关系图

根据上述物质流关系，绘制出菲律宾玛雅农业产业生态园生态网络关系，如图5-11所示。

由图5-11可以看出，菲律宾玛雅农业生态园涉及的主体数量并不多，但连接非常紧密，基本形成了一个闭环系统，在系统内形成了多个循环链条。

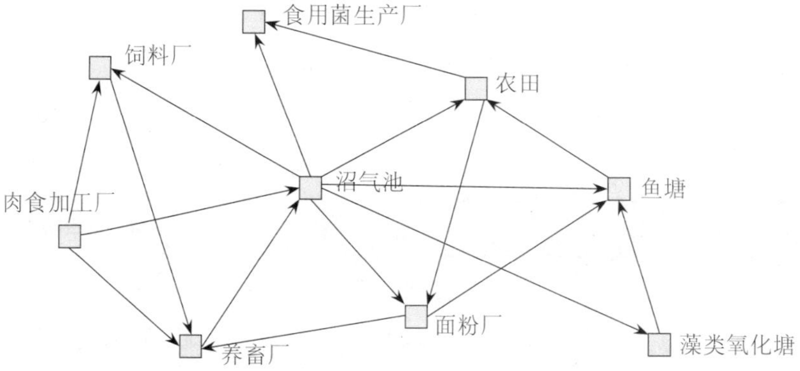

图5-11 菲律宾玛雅农业产业生态园的生态网络关系

（2）网络密度和中心度测算

根据该生态园主体之间的关系数据，计算出菲律宾玛雅农业生态园的社会网络分析结果，见表5-21。

表5-21 菲律宾玛雅农业生态园的社会网络分析结果

整体网密度	网络平均距离	网络凝聚力指数	网络向外中心度	网络向内中心度
0.3750	2.172	0.515	32.813%	14.063%

菲律宾玛雅农业生态园的整体网密度、网络平均距离都处在较高水平，产业链条的长度较长，衔接较齐全，废弃物的利用程度较高。特别需要指出的是网络凝聚力指数在所有案例中排第三位，表明玛雅农场的

主体围绕若干核心主体形成产业链接关系。

菲律宾玛雅农业生态园的网络向外中心度大于向内中心度，表明该产业的生态系统属于物质流出型，农场中不存在只有物质流入而无物质流出的主体。

（3）产业链上企业的中间中心度测算

根据菲律宾玛雅农业生态园这些主体之间的关系数据，计算该园区产业链上企业的中间中心度，见表5-22。

表5-22 **菲律宾玛雅农业生态园产业链上企业的中间中心度**

编码	产业链上的主体	中间中心度	中心度标准值
06	沼气池	28.500	50.893
02	养畜厂	18.667	33.333
03	鱼塘	11.333	20.238
08	饲料厂	7.000	12.500
01	面粉厂	6.000	10.714
07	农田	2.333	4.167
04	肉食加工厂	1.167	2.083
05	食用菌生产厂	0.000	0.000
09	藻类氧化塘	0.000	0.000

表5-22表明：沼气池、养畜厂、鱼塘、饲料厂、面粉厂、农田和肉食加工厂7个主体对产业生态网络的控制力强，占主体总数的77.8%，可见该生态园中具有核心控制力的主体数量较多。

其中沼气池控制力最强，它与园内的每一个企业都存在较多的物质交换，如：收集动物粪便，为园区企业供电，产生的沼渣、沼液供其他企业生产利用。值得关注的是：虽然面粉厂是菲律宾玛雅农业生态园的核心企业，但是它的控制力并不是最强的。面粉厂利用农田中的粮食进行生产，产生的麸皮作为牛羊鱼鸭的饲料。为了处理动物粪便和给园区供电建成了沼气池，然后又延伸出了其他主体。因此，面粉厂处在产业链的最前端，而且与后续建成的主体联系较少。由此可知菲律宾玛雅农业生态园的生态化构建是以面粉加工为基础，通过增加相关辅助主体的物质流交换关系，形成产业生态化系统，这一构建思路与山东九发生态产业园相似。

（4）园区生态化治理特征分析

首先，菲律宾玛雅农业生态园的主体总数不多，但是对该产业生态网络控制力强的主体数量较多，所占比例达到77.8%。产业生态网的整体网密度、网络平均距离、网络凝聚力指数均处在所有案例中的前列。产业生态系统属于物质流出型。

其次，面粉厂是该农业生态园的主导企业，而沼气池是控制力最强的企业，它是农产品加工的辅助主体，与农场中的每一个主体都存在紧密的物质交换。

最后，该农业生态园的主产品链为面粉加工、肉制品加工和饲料加工环节。由此延伸的副产品链主要表现为处理面粉生产产生的废弃物，处理沼气池因产气而产生的沼渣和沼液以及处理动物粪便，实现了物质的循环利用。副产业链的链条较长，对网络的控制力较强。因此，菲律宾玛雅农业生态园属于产品加工自循环治理模式的园区。

5.3.5 北京留民营村农业生态项目

（1）生态网络关系图

根据北京留民营村农业生态项目的物质流交换关系，采用社会网络分析法，通过Ucinet软件绘制出其生态网络关系，如图5-12所示。

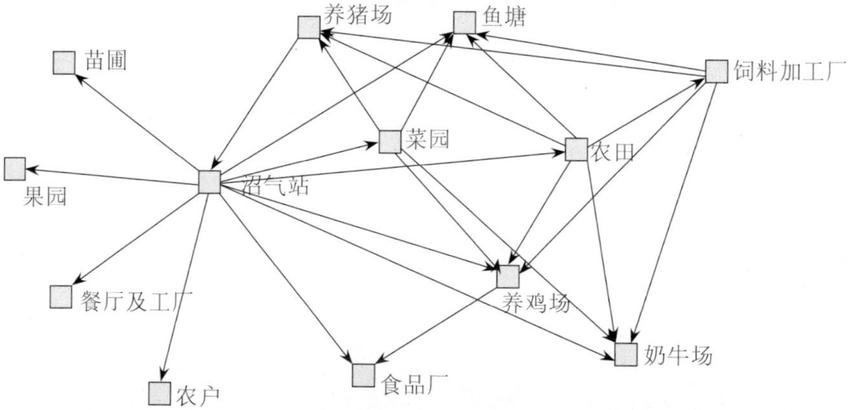

图5-12 北京留民营村农业生态项目的生态网络关系

观察图5-12可以发现，留民营村的产业生态网络呈现出多个主体之间物质流交换闭环的形态，沼气站、菜园、养鸡场、奶牛场、养猪场、鱼塘和饲料加工厂等主体构成废弃物物质流系统内循环的生态化治理模式。

（2）网络密度和中心度测算

利用社会网络数据，计算出北京留民营村农业生态项目的社会网络分析结果，见表5-23。

表5-23　**北京留民营村农业生态项目的社会网络分析结果**

整体网密度	网络平均距离	网络凝聚力指数	网络向外中心度	网络向内中心度
0.1667	2.052	0.358	54.167%	18.056%

北京留民营村农业生态项目的生态网络密度在所有的案例中排到前50%，与斐济苏瓦农业生态园的网络密度相近，总体上表明产品加工自循环治理模式的主体链接数量较多。

该园区的生态网络平均距离相对较长，排在所有案例的第7位，主要原因是农业产品加工自循环治理模式中可以借鉴成熟的物质流交换关系，构建出较长的产业链条。留民营村农业生态项目的特点是在菜园、养鸡场、奶牛场、养猪场、鱼塘、饲料加工厂构成的物质流闭环的基础上，通过设置分解者——沼气站，与苗圃、果园、农户、食品厂等生产者和消费者形成废弃物链，因此进一步延伸了产业链条。

北京留民营村农业生态项目的网络向外中心度高于向内中心度，表明产业生态网络上的多数主体以向其他主体输出的物质流为主要交换形式，由图5-12可以看出，核心主体沼气站的物质流出关系较多，对整个产业生态网络的物质流向类型产生了显著影响。

（3）产业链上企业的中间中心度测算

根据北京留民营村农业生态项目的生态网络关系数据，可得到该产业链上主体的中间中心度数据，见表5-24。

表5-24　北京留民营村农业生态项目产业链上主体的中间中心度

编码	产业链上的主体	中间中心度	中心度标准值
01	沼气站	60.000	45.455
02	农田	12.000	9.091
03	养鸡场	9.667	7.323
04	奶牛场	6.667	5.051
05	养猪场	6.667	5.051
06	菜园	6.000	4.545
07	食品厂	0.000	0.000
08	饲料加工厂	0.000	0.000
09	农户	0.000	0.000
10	鱼塘	0.000	0.000
11	餐厅及工厂	0.000	0.000
12	果园	0.000	0.000
13	苗圃	0.000	0.000

由表5-24可以发现，北京留民营村农业生态项目仅有的13个主体中，沼气站、农田、养鸡场、奶牛场、养猪场和菜园6个主体对产业生态网络的控制力强，处于产业生态网络的核心地位。其中沼气站的控制力极强，中间中心度为60.000，这与该系统形成是依靠沼气站建设并形成物质再循环、再利用直接相关。

参考北京留民营村农业生态项目的生态网络分析图，可以发现其生态化治理模式表面上比较接近废弃物集中分解的治理模式，但是本书还是将其归类为产品加工自循环治理模式，其主要原因是：

第一，产品加工自循环的治理模式侧重从整体上判断废弃物的流向，强调废弃物在产业生态系统内部的循环再利用，而废弃物集中分解模式则强调存在若干核心的分解者企业，但是同时还大力开展主产品链接。

该园区的产业生态系统中，虽然存在一个核心的分解者，即沼气站，但是从总体来看，该系统中还是强调各种农业废弃物的综合利用，主产品的链接关系不是其发展的重点，因此可以归类为产品加工自循环治理模式。

第二，废弃物集中分解模式的网络向内中心度都会显著高于向外中心度，因为需要集中吸纳废弃物到若干核心分解者。与之不同的是，产品加工自循环治理模式的网络向外中心度显著高于向内中心度，因为废弃物需要在系统中大量流出若干主体，才能构建产品加工自循环链接。

北京留民营村农业生态项目产业生态网络的向外中心度高于向内中心度，因此从生态网络分析结果的角度来判断，归类为产品加工自循环治理模式较为合理。

（4）园区生态化治理特征及模式

首先，北京留民营村农业生态项目在构建农业废弃物闭环物质流的基础上，通过处于核心地位的沼气站，拓展了废弃物在农业社区系统内部的自循环路径，表明沼气站对于构造农业社区内的产业生态系统发挥了十分重要的作用。

其次，作为产品加工自循环治理模式的典型，北京留民营村农业生态项目同样表现出其他具有同类治理模式的产业生态园区的特点，例如：产业生态整体网络密度、网络平均距离等相对较高，网络向外中心度普遍高于向内中心度。

最后，北京留民营村农业生态项目产业生态网络中存在一个核心的分解者，但是有别于废弃物集中分解的治理模式，因为在废弃物物质流的整体走向，以及社会网络分析结果等方面，其更接近于产品加工自循环的治理模式。

5.3.6 产品加工自循环治理模式归纳

根据上述5个典型案例的分析结果，可以将产品加工自循环治理模式实现途径的特点总结如下：

首先，园区内的产业链接形成自我循环利用废弃物的网络，不需要额外增加特殊的生产企业/分解者来完成废弃物的生态化利用。园区内的主体企业彼此的链接关系紧密，发展规模相对稳定。

产品加工自循环的治理模式在农业生态园区中较为常见，依托农业生产和生活中各种废弃物较为成熟的再循环和再利用关系，便于以较低的交易成本来拓展产业网络，网络平均距离相对较长。

其次，该治理模式注重对废弃物最大程度的利用，使得产业系统内主体之间的链接关系较多，因此网络整体密度相对较高。

再次，该治理模式的网络向外中心度普遍高于向内中心度，产业生态系统总体上侧重废弃物的物质流出关系的构建。

最后，该治理模式的核心主体数量在全部主体中所占比例普遍较高，个别能达到80%，并且这些核心主体一般兼具生产者、消费者和分解者多种身份。

在本书作者收集的案例中，将具有产品加工自循环治理模式特征的案例全部作为典型案例进行了分析。

5.4 固废再利用主导型治理典型案例

5.4.1 美国乔克托（Choctaw）生态工业园

（1）生态网络关系图

根据美国乔克托生态工业园的关系数据，绘制出该生态工业园的生态网络关系，如图5-13所示。

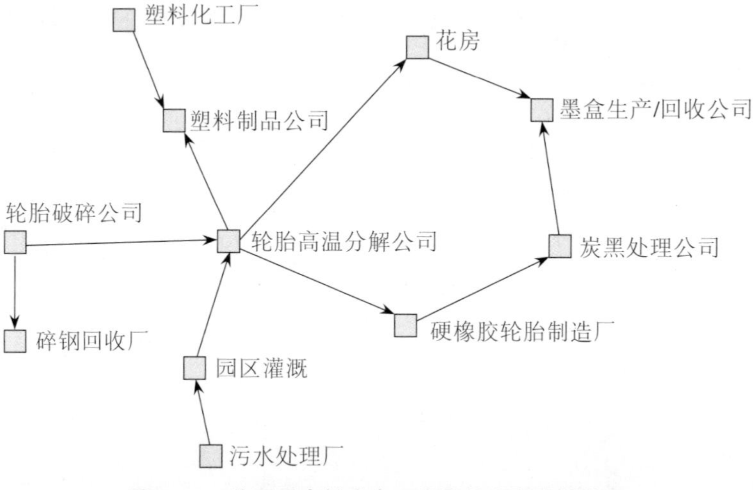

图5-13 美国乔克托生态工业园的生态网络关系

美国乔克托生态工业园的整个园区围绕着一个核心企业，即轮胎高温分解公司，形成了产业生态网络。该园区从外部直接获得废旧轮胎、废塑料和废墨盒等废弃物，作为产业生态网络的初始物质流入。因此，美国乔克托生态工业园具有明显的外部废弃物资源输入的固废再利用主导型的治理特征；同时该园区的分解者企业处于核心地位。但是不同的地方是，该园区围绕分解者企业，在现存主体或者行业的基础上，新引入其他分解者或者生产者企业，来构造产业生态链接关系。

该案例与同期的卡伦堡生态工业园相比较而言，具有数量相近的主体，并且网络形态较为类似，都围绕着某些主体构造出星型发散的网络，只不过卡伦堡生态工业园的这些主体既有分解者，也有生产者，而美国乔克托生态工业园则是围绕一个分解者企业形成星型网络。

（2）网络密度和中心度测算

计算美国乔克托生态工业园的社会网络分析结果，见表5-25。

表5-25　**美国乔克托生态工业园的社会网络分析结果**

整体网密度	网络平均距离	网络凝聚力指数	网络向外中心度	网络向内中心度
0.1182	1.971	0.197	38.250%	27.250%

从表5-25的数据可以发现，美国乔克托生态工业园的网络向外中心度要高于向内中心度，大小关系与同期的卡伦堡生态工业园相似，主要是因为美国乔克托生态工业园以轮胎高温分解公司为中心形成向上的物质流，各企业整体上物质流出的趋势较强，各主体要为废弃物寻找下游企业。这一点在后续的辅助案例中的表现并无明显规律性，因此，还不能将其作为固废再利用主导型治理模式的特征。

但是从图5-13中可以发现，该园区系统的输入资源完全是系统外产生的各种废弃物，该园区在加工转化后，必然需要将这些废弃物进行物质流输出，因此从逻辑上判断，对于资源再生型园区，如果采用固废再利用主导型的治理模式，那么产业生态网络的向外中心度和向内中心度的数值大小比较接近，这意味着二者之间的差异性不大，这一点在后续的辅助案例的生态网络分析数据中得到了验证。

（3）产业链上企业的中间中心度测算

美国乔克托生态工业园内的核心企业总计有6个，其产业链上企业的中间中心度数据见表5-26。

表5-26 **美国乔克托生态工业园产业链上企业的中间中心度**

编码	产业链上的主体	中间中心度	中心度标准值
05	轮胎高温分解公司	15.000	16.667
10	园区灌溉	6.000	6.667
11	花房	4.000	4.444
02	硬橡胶轮胎制造厂	4.000	4.444
08	墨盒生产/回收公司	2.000	2.222
06	炭黑处理公司	2.000	2.222
07	塑料制品公司	0.000	0.000
04	轮胎破碎公司	0.000	0.000
09	污水处理厂	0.000	0.000
03	塑料化工厂	0.000	0.000
01	碎钢回收厂	0.000	0.000

其中，作为分解者的轮胎高温分解公司的中心度最大，属于对产业生态网络影响程度最大的主体，此外还有一些分解者企业，例如：墨盒生产/回收公司、炭黑处理公司也都具有一定的影响力。

（4）园区生态化治理特征分析

第一，对于资源再生型园区，完全利用园区系统外部产生的废弃物作为资源输入，因此，从物质流形态上较为容易判断其治理特征。

第二，从社会网络分析结果来看，固废再利用主导型治理模式的各种量化特征不明显，但是因为受到废弃物流入和流出系统的物质平衡的制约，该种治理模式的网络向外中心度和向内中心度较为接近。

5.4.2 山东鲁北生态工业园

（1）生态网络关系图

根据鲁北生态工业园的关系数据，绘制出该生态工业园的生态网络关系，如图5-14所示。

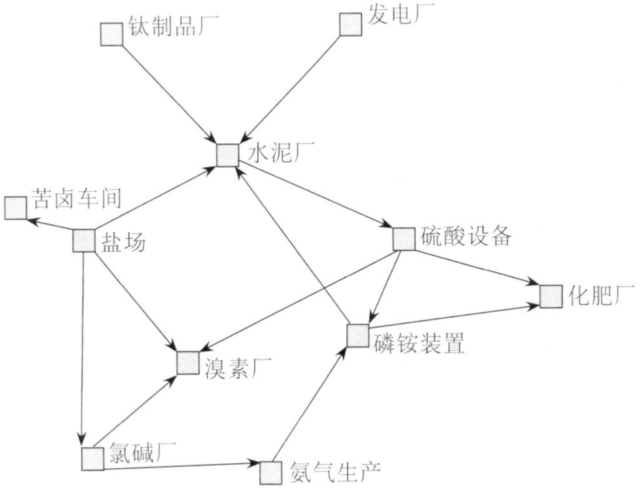

图5-14 鲁北生态工业园的生态网络关系

鲁北生态工业园最初是以解决磷铵制造过程产生的固体废料磷石膏为契机发展创立的，发展初期是以“磷铵－硫酸－水泥”联产循环经济为中心延长发展产业链，所以从图5-14中可以看出磷铵生产、硫酸生产和水泥生产三个循环主体是该网络中的核心企业。后来海洋盐业被作为生产者引入该园区的生态链中，盐及化工产品生产中的废弃物用于水泥和化工副产品的生产，还引入热电，既作为外来固废（煤矸石）的分解者，同时又是脱硫石膏和煤粉灰等固废的生产者。

鲁北生态工业园的核心产业链有产品加工自循环模式特征，但主产业链与其他两条产业链主要是凭借引入了海洋产业链和电力产业链中的废弃物得以联合，也具备固废再利用主导型的治理模式特征，应结合其他网络分析结果进一步判断。

（2）网络密度和中心度测算

计算鲁北生态工业园的社会网络分析结果，见表5-27。

表5-27 **鲁北生态工业园的社会网络分析结果**

整体网密度	网络平均距离	网络凝聚力指数	网络向外中心度	网络向内中心度
0.136	2.024	0.232	29.00%	29.00%

从表5-27中的数据可以发现，鲁北生态工业园的整体网络密度为0.136，略高于美国乔克托生态工业园，在30个案例中处于中等位置，但普遍低于产品加工自循环模式的园区。

该园区的网络向外中心度与向内中心度一致，物质向内流出趋势与向外流出趋势持平，这进一步验证了采用固废再利用主导型治理模式的生态工业园区向内中心度和向外中心度的差异性不会很大这一论断。鲁北生态工业园虽然存在自我循环，但其发展过程是以“磷铵—硫酸—水泥”为中心的外部废弃物引入，在引入废弃物的同时，与其他体系耦合形成循环，所以从整体物质流上不存在产品加工自循环治理模式中物质向外流动显著大于向内流动的特征。

（3）产业链上企业的中间中心度测算

鲁北生态工业园内的核心企业总计有5个，其产业链上企业的中间中心度数据见表5-28。其中，作为分解者的水泥厂的中间中心度的数值最大，属于对产业生态网络影响程度最大的主体，因为水泥厂以磷石膏、盐石膏、钛石膏等多种其他生产者的固体废物为原料生产水泥，并联产硫酸，所以硫酸厂的网络控制力也较强；该园区的11个主体中，具有核心控制力的企业有5个，这与前文所分析的九发、贵港、斐济苏瓦、菲律宾玛雅等生态工业园拥有核心控制力的企业数量占比较高这一特点不同。因此从企业的中间中心度数据指标来看，鲁北生态工业园的核心主体企业是分解者企业，具备核心地位的主体项目占比不具有明显优势，不符合产品加工自循环治理模式特征。

表5-28　　鲁北生态工业园产业链上企业的中间中心度

编码	产业链上的主体	中间中心度	中心度标准值
03	水泥厂	15.500	17.222
05	硫酸设备	12.500	13.889
01	磷氨装置	8.000	8.889
10	氨气生产	4.500	5.000
09	氯碱厂	1.500	1.667
02	发电厂	0.000	0.000
04	钛制品厂	0.000	0.000
06	化肥厂	0.000	0.000
07	溴素厂	0.000	0.000
08	盐场	0.000	0.000
11	苦卤车间	0.000	0.000

（4）园区生态化治理特征分析

不同于美国乔克托生态工业园完全以吸收外部废弃物为初始物质进行生产，鲁北生态工业园吸收废弃物的同时将废弃物生产者所在产业链条一并纳入，因此从生态网络结构来看，具备一定产品加工自循环模式的表象，但通过进一步分析发现，无论从网络密度和中心度指标，还是网络中的核心企业指标，鲁北生态工业园都不符合产品加工自循环的治理模式特征。对于资源再生型园区来说，其完全以园区系统外部产生的废弃物作为资源输入，因此从物质流形态上较为容易判断其治理特征。作为资源再生型园区，其生产过程完全受到外部废弃物的影响，因此属于固废再利用主导型的治理模式。相反，与美国乔克托生态工业园相同，该园区的网络向外中心度和向内中心度较为接近，符合废物再利用主导型治理模式这一特征，再结合其他生态网络分析结果和园区发展历程可以断定，鲁北生态工业园的治理模式更接近固废再利用主导型的治理模式。

5.4.3 固废再利用主导型治理模式归纳

根据上述两个案例的分析可以看出，固废再利用主导型的治理模式具有如下特点：

首先，该模式完全以外部的废弃物作为资源输入产业生态园区，因为其资源再生的特征明显，这样的园区可以被看作是一个生态化治理的黑箱，系统前端输入废弃物，系统后端输出各种产品，因此这种模式的物质流形态特征明显，是模式判别的主要依据。

其次，资源再生型园区内外的生态化治理关系可以整合各种模式，如可以采用副产品链拓展模式，或者废弃物集中分解模式等。

最后，对于采用固废再利用主导型治理模式的资源再生型园区，产业生态网络的向外中心度和向内中心度较为接近，这一点可以作为模式判别的辅助依据。

具有固废再利用主导型治理特征的案例，还有布朗斯维尔（Brownsvill）生态工业园、英国中西部产业共生项目、英国亨伯工业园、青白江工业园区和天津泰达经济技术开发区。

5.5 主产品链延伸治理典型案例

5.5.1 潍坊滨海开发区生态工业园区

（1）生态网络关系图

根据潍坊滨海开发区生态工业园区主体间的关系，绘制出其产业生态网络关系，如图5-15所示。

从图5-15中可以看出，潍坊滨海开发区生态工业园区（以下简称潍坊滨海）围绕纯碱厂和盐场形成了产业生态化链条，整个网络的线状特征明显，说明其产业链一直处于扩张延伸的状态。

（2）网络密度和中心度测算

根据主体关系数据，计算出潍坊滨海的社会网络分析结果，见表5-29。

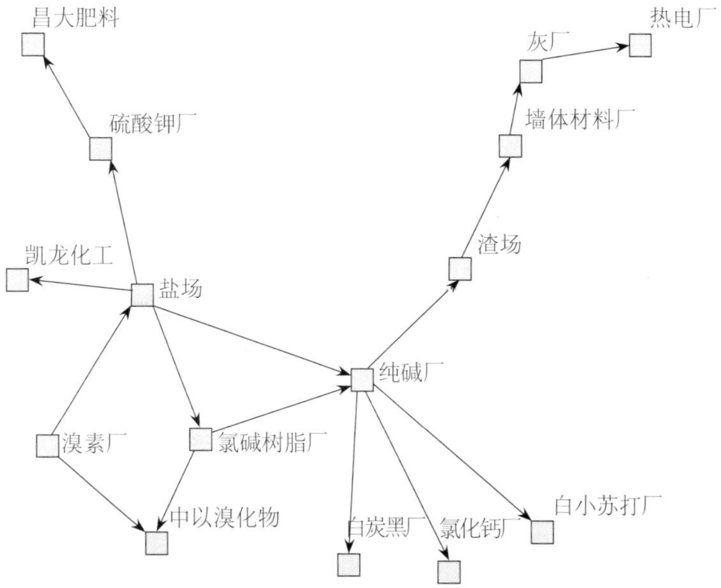

图 5-15　潍坊滨海开发区生态工业园的生态网络关系

表5-29　潍坊滨海开发区生态工业园的社会网络分析结果

整体网密度	网络平均距离	网络凝聚力指数	网络向外中心度	网络向内中心度
0.0985	1.828	0.147	19.421%	9.504%

潍坊滨海产业网络的线状结构明显，因此主体之间的链接数量相对较少，导致整体网络密度较低，网络平均距离处于全部案例的中间水平，网络向外中心度高于向内中心度，整体上属于物质流出型产业生态化网络。

（3）产业链上企业的中间中心度测算

根据主体关系数据，计算出潍坊滨海产业链上企业的中间中心度，见表5-30。

作为直接利用自然资源的盐场，以及与此关联的纯碱厂，在潍坊滨海整个产业生态网络中处于最具控制力的地位。潍坊政府在后期规划中引入的补链企业，即氯碱树脂厂也具有一定的控制力。该生态网络中，具有分解者身份的主体较少，尤其缺乏网络的终端分解者，因此该产业生态系统具有进一步发展的空间。

表5-30 **潍坊滨海产业链上企业的中间中心度**

编码	产业链上的主体	中间中心度	中心度标准值
03	纯碱厂	15.000	8.242
01	盐场	13.000	7.143
02	溴素厂	4.000	2.198
08	渣场	4.000	2.198
05	硫酸钾厂	3.000	1.648
14	氯碱树脂厂	2.000	1.099
07	灰厂	1.000	0.549
06	热电厂	0	0
04	白炭黑厂	0	0
09	墙体材料厂	0	0
10	氯化钙厂	0	0
12	凯龙化工	0	0
13	昌大肥料	0	0
11	白小苏打厂	0	0
15	中以溴化物	0	0

（4）园区生态化治理特征分析

第一，该产业园区存在可供产业链作为物质流入的资源型源头企业，即盐场；盐场和纯碱厂是影响力最强的两个主体，并且相互之间的关联度较高。

第二，作为资源输入端的盐场同时为多个核心主体提供资源，同时，不仅可以实现资源的多样化利用，整个园区还基本形成了以碱、盐为原料的主产品链。

第三，与其他治理类型不同的是，该园区中的产业链条的末尾企业多数为主产品链的生产者企业，而不是分解者企业。

根据该园区的生态网络关系、产业链的中心度测算与分析，以及该园区显现的特征，可以认为，潍坊滨海开发区生态工业园的治理模式为主产品链延伸的生态化治理模式。

5.5.2 新疆天业生态工业园

（1）生态网络关系图

根据新疆天业生态工业园的物质流关系，绘制出该园区的生态网络关系，如图5-16所示。

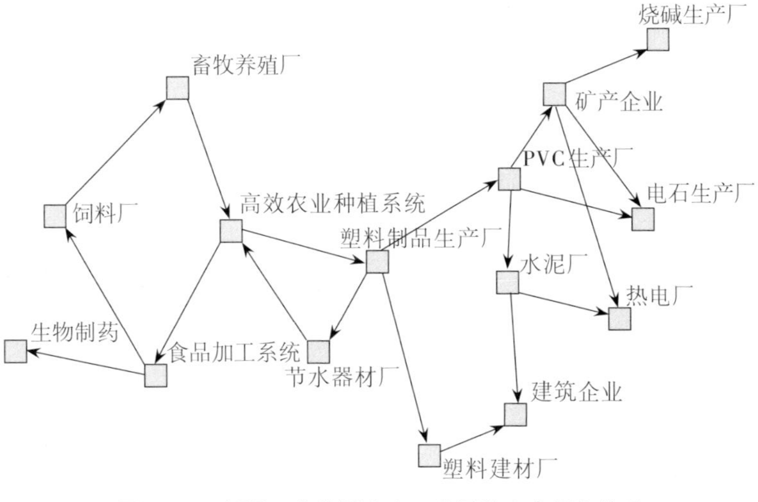

图5-16 新疆天业集团生态工业园的生态网络关系

从图5-16的生态网络形态可以看出，新疆天业生态工业园的产业链延伸较长，主要围绕主产品的物质流关系设计产业链条，整体产业链呈现出线性的扩展趋势。

（2）网络密度和中心度测算

根据主体关系数据，计算出新疆天业生态工业园的社会网络分析结果，见表5-31。

表5-31 **新疆天业集团生态工业园的社会网络分析结果**

整体网密度	网络平均距离	网络凝聚力指数	网络向外中心度	网络向内中心度
0.0952	2.968	0.211	8.264%	28.099%

新疆天业生态工业园在主产品链延伸的治理模式下，其产业链条被不断拓展，因此产业生态网络的平均距离较长，在全部案例中位于第2位，明显长于其他治理模式下的产业链条长度。

（3）产业链上企业的中间中心度测算

根据主体关系数据，计算出新疆天业生态工业园产业链上企业的中间中心度，见表5-32。

表5-32　**新疆天业集团生态工业园产业链上企业的中间中心度**

编码	产业链上的主体	中间中心度	中心度标准值
04	高效农业种植系统	42.000	23.077
03	塑料制品生产厂	38.000	20.879
15	节水器材厂	25.000	13.736
05	食品加工系统	21.000	11.538
02	PVC 生产厂	19.000	10.440
12	畜牧养殖厂	14.000	7.692
13	饲料厂	13.000	7.143
08	塑料建材厂	5.000	2.747
09	水泥厂	5.000	2.747
14	热电厂	1.000	0.549
10	建筑企业	0.000	0.000
11	生物制药	0.000	0.000
06	烧碱生产厂	0.000	0.000
07	电石生产厂	0.000	0.000
01	矿产企业	0.000	0.000

根据表5-32中的结果可以看出，新疆天业处于核心地位的主体企业数量相对较多，在15个主体中，有10个具有不同程度控制力的核心企业，占到全部企业的66.7%，并且这些企业多数具有生产者的身份。这个结果表明，在主产品链延伸的治理模式下，具有单一分解者身份的核心主体的企业数量非常少，这也是该模式的主要特征之一。

（4）园区生态化治理特征分析

之所以将新疆天业集团生态工业园归属于主产品链延伸治理模式的园区，是因为该园区主要具备了以下几个生态化治理特征：

首先，围绕煤炭、塑料等主产品，不断扩展主产品产业链，产业生态网络的平均距离处于较长的状态。

其次，由于主产品链的不断延伸，副产品链扩展的速度落后，使得产业网络上的废弃物分解者企业作为主体链接的数量较少，表现为产业生态网络的整体密度较低。

最后，在该治理模式下，网络中的核心企业多数具有生产者的身份，具有单一分解者身份的核心主体企业数量非常少。

5.5.3 主产品链延伸治理模式归纳

根据潍坊滨海和新疆天业生态工业园两个典型案例的分析结果，可以归纳出主产品链延伸治理模式的实现特点。

首先，在该治理模式下，产业生态网络的平均距离在不断增大，表现为主产品链接关系的不断增加。

如果传统产业园（区）的发展不以增加废弃物的循环利用为主要途径，而是侧重于延伸主产品链条，通过减量化、再利用的途径开展生态化治理，就会形成主产品链延伸的治理模式。

其次，产业生态网络总体上呈现线性扁平化的形态，主体之间连接的数量相对较少，整体网络密度较低。

最后，产业生态网络中，核心主体的身份多数为生产者等，作为分解者的单一身份的情况较少。

本书将具有主产品链延伸治理模式特征的案例都作为典型案例进行分析。

5.6 辅助案例描述

在上述15个典型案例分析的基础上，本书还采用相同方法，对案例库中的其余15个案例进行了研究，以便于进一步印证典型案例研究结果的可信度。

5.6.1 辅助案例的社会化网络分析结果

根据每个辅助案例的主体关系数据，采用Ucinet软件计算出其社会网络分析结果，见表5-33。

表5-33 15个辅助案例的社会网络分析结果

编码	案例名称	整体网络密度	网络平均距离	网络凝聚力指数	网络向外中心度	网络向内中心度	主体数量	治理强度
02	布朗斯维尔生态工业园	0.09	1.65	0.12	0.06	0.13	5	2.86
05	芬兰森林生态工业园	0.48	1.64	0.58	0.14	0.66	1	76.67
08	英国中西部产业共生项目	0.09	1.42	0.09	0.17	0.06	2	2.78
10	英国亨伯工业园	0.1154	1.935	0.169	0.373	0.207	5	6.28
11	韩国蔚山生态工业园	0.0227	1.278	0.026	0.6151	0.0371	7	2.14
13	抚顺矿业集团生态工业园区	0.12	1.27	0.14	0.11	0.61	1	5.56
14	陕西韩城龙门生态工业示范园	0.21	1.67	0.31	0.44	0.33	3	12.70
15	合肥市高新技术产业开发区	0.65	1.35	0.83	0.11	0.25	9	4.96

续表

编码	案例名称	整体网络密度	网络平均距离	网络凝聚力指数	网络向外中心度	网络向内中心度	主体数量	治理强度
17	包钢生态工业园	0.34	1.54	0.51	0.18	0.43	2	23.61
20	中国台湾林园工业生态化示范区	0.08	1.17	0.07	0.33	0.09	3	0.63
21	青白江工业园区	0.07	1.31	0.08	0.12	0.43	3	1.10
22	天津泰达经济技术开发区	0.09	1.57	0.11	0.27	0.35	6	1.42
26	江西星火工业园	0.30	1.76	0.32	0.62	0.25	2	19.38
27	蒙西高新技术工业园区	0.31	1.44	0.35	0.40	0.03	4	6.25
28	甘肃省金昌市河西堡工业园	0.44	1.21	0.33	0.43	0.19	4	24.55

5.6.2 辅助案例的生态化治理特征

根据生态网络关系分析结果，将15个辅助案例的生态化治理特征进行了总结，见表5-34。

表5-34 **15个辅助案例的治理特征总结**

编码	案例名称	治理特征
02	布朗斯维尔生态工业园	热电厂和塑料回收厂为核心主体之一，影响力最大；废油回收厂、溶剂回收厂和水处理厂没有成为核心主体
05	芬兰森林生态工业园	森林产业是唯一的核心主体，与造纸、纸浆、木材厂形成主副产品交换关系，其他主体的链接较少
08	英国中西部产业共生项目	热电联产作为核心主体，为其他主体提供电能和热能

续表

编码	案例名称	治理特征
10	英国亨伯工业园	分为三期发展阶段：该工业园第一期时没有核心主体，但是存在污水处理等分解企业；第二期时引入热电联产项目，成为产业网络的核心，同时也推动其他主体成为核心，热电联产作为核心主体；第三期时在水产加工厂这一核心主体的基础上，引入气化炉厂、蛋白质提取厂两个主体，并没有改变第二期四个核心主体的地位，同时使农场成为新的核心主体。第三期时的主、副产业链条较短，多为两个主体构成物质流关系；第三期时增加的两个企业都成为核心产业链条上的成员
11	韩国蔚山生态工业园	没有污水处理、固废回收利用的核心主体，厌氧企业是最为核心的主体
13	抚顺矿业集团生态工业园区	只有发电厂一个核心主体，污水处理厂不是核心主体，没有明确流程中该主体的物质流向；煤矿是产业网络的资源输入端，但是没有资源流入，不构成核心主体
14	陕西韩城龙门生态工业示范园	该园区内以煤炭、冶金、电力、化工、建材为主的企业有68家，可以将相同行业的企业合并进行生态治理，从行业的角度构建物质流关系；电力、供热和冶金是核心主体，前两者的影响力远高于冶金，凸显出能源企业的重要性；集中供热企业收集蔬菜生产企业的余热供应给蔬菜大棚和居民区，将主产品链条与居民和其他产业链接起来，因此不同产业之间的链接可以从热能、水、电等角度来设计；没有污水和固废综合处理的主体
15	合肥市高新技术产业开发区	所有主体都具有核心地位，包括污泥焚烧厂、污水处理厂和固废回收中心，这三个企业的中心度要高于先进制造和电子信息产业；服务业成为产业网络中的核心主体，为该园区的所有企业提供配套服务
17	包钢生态工业园	不存在分解者，都是生产者；钢铁和稀土复合共生

续表

编码	案例名称	治理特征
20	中国台湾林园工业生态化示范区	规划前有两个核心主体，规划后在此基础上增加了一个核心主体，之前的两个主体对网络的影响力变化不大；再利用机构不具有核心地位，影响力低；产业链上类似的企业众多，其核心地位由废弃物交换的数量来决定
21	青白江工业园区	五金回收企业是核心主体之一，但是与钢铁和玻璃企业等其他核心主体没有关联；钢铁和玻璃企业两个核心主体兼具生产者、消费者和分解者的身份；玻璃和钢铁企业为其他企业提供废弃物，彼此之间没有直接关联；规划为主体的化工企业并没有在网络中处于关键控制的地位，只是作为对其他主体输出物质流的主体，没有物质流入
22	天津泰达经济技术开发区	园区内有污水处理厂、垃圾焚烧厂、发电厂、固废回收中心等主体，利用污水并减轻垃圾处理过程对环境的影响，充分资源化利用垃圾处理过程中产生的工业废渣、建筑垃圾、金属废弃场等，以实现循环利用
26	江西星火工业园	有污水处理厂、固体废物处理厂，但是由于物质流进入两个企业的关系多，导致中心度低
27	蒙西高新技术工业园区	一期具有发电厂和焦化厂两个核心主体，前者的影响力最高；一期的产业链条中没有分解者；二期加入纳米碳酸钙生产、二氧化碳降解塑料生产、PVC异型材、绿色环保涂料，前者成为核心主体，其他新增企业没有成为核心主体；二期加入新企业，但没有改变一期核心企业的地位，原因是在网络边缘进行扩展，没有打断原有的链条关系；二期的核心主体没有分解者
28	甘肃省金昌市河西堡工业园	一期污水回用工程不是核心治理主体，原因是污水企业向外资源流动较少；能源企业发电厂是影响力强的主体，是煤矿资源与下游企业物质流链接的关键中介主体；二期在一期的两个核心主体基础上，增加PVC和能源公司，一期两个主体的核心地位没有变化，原因是没有打断原有的产业网络，而是在网络边缘进行扩展

5.6.3 辅助案例的生态化治理模式

参照典型案例总结归纳出的5种资源型产业生态化治理模式，将15个辅助案例的生态化治理模式进行归纳，见表5-35。

表5-35　　15个辅助案例的生态化治理模式

编码	案例名称	园区类型	治理模式	确定治理模式的依据
02	布朗斯维尔生态工业园	多产混合	固废再利用主导型模式	该园区内的主体之间主要以交换蒸汽、油渣、废沥青、废塑料等废弃物形成产业链接
05	芬兰森林生态工业园	单产主导	废弃物集中分解模式	森林工业发电厂实质上为一个核心分解者企业，为周边社区、木材厂、纸浆厂、造纸厂和其他产业集中分解废木材、废纸和生活垃圾的废弃物
08	英国中西部产业共生项目	资源再生	固废再利用主导型模式	该园区内主要以废弃冰箱、废地毯、废塑料等废弃物形成产业链接
10	英国亨伯工业园	资源再生	固废再利用主导型模式	该园区内以废食用油、钢渣、组织废物等废弃物形成产业链接
11	韩国蔚山生态工业园	多产混合	副产品链拓展模式	围绕若干核心企业形成生态产业群落，后期规划引入的分解者企业分为两种类型：一种是嫁接在现有的产业链条的某个环节上，另外一种是引入企业形成独立的产业链
13	抚顺矿业集团生态工业园区	单产主导	副产品链拓展模式	以煤矿、发电厂形成的主产品链条，通过增加废水处理厂、养殖场、硫酸铵厂等分解者企业，拓展主产品链
14	陕西韩城龙门生态工业示范园	多产混合	副产品链拓展模式	以采掘、冶金、电力工业为主产品链条，通过增加建材、化工行业内的分解者企业，完成主产品链条的废弃物生态化治理

续表

编码	案例名称	园区类型	治理模式	确定治理模式的依据
15	合肥市高新技术产业开发区	多产混合	废弃物集中分解模式	围绕电子信息、先进制造、生物技术与新医药、新材料等主导行业，通过设置资源回收中心和热电污泥焚烧企业，对废弃物进行集中分解
17	包钢生态工业园	多产混合	废弃物集中分解模式	以钢铁、稀土、煤炭、采矿作为主产品链，综合利用资源，通过行业和环保企业实现废弃物的集中分解
20	中国台湾林园工业生态化示范区	单产主导	副产品链拓展模式	在石化产业链条上，通过增加资源再生及有害事业废弃物处理等企业拓展产业链接
21	青白江工业园区	资源再生	固废再利用主导型模式	该园区内主要以废金属、废渣、废水等废弃物形成产业链接
22	天津泰达经济技术开发区	多产混合	固废再利用主导型模式	该园区内以中水、废渣、废旧金属等废弃物形成产业链接
26	江西星火工业园	单产主导	废弃物集中分解模式	为各企业集中建设了污水处理厂和固体废物综合利用、集中处理设备，回收园内各企业的废水和固体废弃物
27	蒙西高新技术工业园区	多产混合	副产品链拓展模式	在高新材料、建材、冶金、化工、电力主产品链的基础上，拓展固废、蒸汽等废弃物的循环利用链接
28	甘肃省金昌市河西堡工业园	多产混合	副产品链拓展模式	围绕煤炭、化工、建材等主产品链，通过构建三废循环利用链条，扩张产业网络规模

5.7 本章的研究结果总结

经过对15个典型案例的生态网络关系的分析、对网络关系中的主要参数的计算，以及对计算结果体现出的特征进行的深入探索，作者识别出了彼此存在显著差异的5种资源型产业园区的生态化治理模式，分别是：副产品链拓展治理模式、废弃物集中分解治理模式、产品加工自循环治理模式、固废再利用主导型治理模式和主产品链延伸治理模式。

本书在第3章中提出的“依据产业生态网络特征，可以总结出不同的产业园区生态化治理模式”的假设得以验证。

6 资源型产业园区生态化治理模式的特征及规则

6.1 资源型产业园区生态化治理模式的特征分析

6.1.1 生态化治理模式案例结果的统计分析

（1）治理模式案例的总体分布情况

根据生态化治理模式的分类标准，本书将30个案例的治理模式进行了归纳，见表6-1。

表6-1 案例中产业园区的生态化治理模式分布

治理模式	个数	百分比（%）	有效百分比（%）	累积百分比（%）
副产品链拓展模式	9	30.0	30.0	30.0
废弃物集中分解模式	7	23.3	23.3	53.3
产品加工自循环模式	5	16.7	16.7	70.0
固废再利用主导型模式	7	23.3	23.3	93.3
主产品链延伸模式	2	6.7	6.7	100.0
总计	30	100.0	100.0	

根据表6-1的结果，以废弃物交换关系为出发点构造的资源型产业的生态化治理模式的分布较为均匀，均未超过案例总数的1/3。其中所占比例最多的是副产品链拓展治理模式，其次是废弃物集中分解治理模式。本案例的研究结果表明，从总体上来看，资源型产业园区在进行生态化治理模式的选择时，围绕废弃物交换关系构造的四种治理类型是较为多见的实施方案。

（2）不同国别下治理模式的总体分布情况

为了考察不同的治理模式在国内外的实施是否存在倾向性，根据案例数据绘制不同国别的资源型产业园区生态化治理模式分布表，具体见表6-2。

表6-2　**不同国别的资源型产业园区生态化治理模式分布**

			治理模式					
			副产品链拓展模式	废弃物集中分解模式	产品加工自循环模式	固废再利用主导型模式	主产品链延伸模式	总计
国别	国外	计数	3	3	2	4	0	12
		国别内	25.0%	25.0%	16.7%	33.3%	0.0%	100.0%
		治理模式内	33.3%	42.9%	40.0%	57.1%	0.0%	40.0%
	国内	计数	6	4	3	3	2	18
		国别内	33.3%	22.2%	16.7%	16.7%	11.1%	100.0%
		治理模式内	66.7%	57.1%	60.0%	42.9%	100.0%	60.0%
	总计	计数	9	7	5	7	2	30
		国别内	30.0%	23.3%	16.7%	23.3%	6.7%	100.0%
		治理模式内	100.0%	100.0%	100.0%	100.0%	100.0%	100.0%

如果将国别与资源型产业生态化治理模式进行交叉列联分析，可以发现国别对治理模式的选择有显著的影响作用。国外的资源型产业比较倾向于采用固废再利用主导型的治理模式，而国内的资源型产业则倾向于选择副产品链拓展模式。

废弃物集中分解治理模式和产品加工自循环治理模式在国内外存在较多，主产品链延伸模式只是在国内出现，从目前的案例看，并未发现该模式在国外采用的证据。

（3）不同时期的治理模式总体分布情况

将30个案例的发生时间与对应的资源型产业生态化治理模式进行交叉列联分析，从表6-3的结果来看，本书分析的案例时间跨度从1989年到2018年，在时间分布上来看较为均匀。

表6-3　案例发生年份和资源型产业园生态化治理模式的关系

项目 案例发生年份	副产品链拓展模式	废弃物集中分解模式	产品加工自循环模式	固废再利用主导型模式	主产品链延伸模式	总计
1989	0	0	1	0	0	1
1997	0	1	0	0	0	1
1998	0	0	0	1	0	1
1999	0	0	1	0	0	1
2000	0	0	0	1	0	1
2001	0	1	0	0	0	1
2004	0	0	1	1	0	2
2005	1	0	0	0	0	1
2006	1	0	0	1	0	2
2007	1	1	1	1	0	4
2008	1	1	0	0	1	3
2009	1	0	0	1	0	2
2010	0	1	1	0	1	3
2011	1	1	0	0	0	2
2012	1	1	0	0	0	2
2013	1	0	0	0	0	1
2016	1	0	0	0	0	1
2018	0	0	0	1	0	1
总计	9	7	5	7	2	30

产品加工自循环治理模式和固废再利用主导型治理模式在整体案例时间范围内分布在相对较早的时间段，主要集中在1989年到2007年，而副产品链拓展模式则主要集中在2005年到2016年的时间段，主产品链延伸治理模式的总体分布时间段也较为靠后，从2008年开始分布较多。废弃物集中分解治理模式在案例的时间跨度范围内的若干个时点上都有出现，因此该治理模式的实施时间特性不明显。

案例分析结果中出现上述现象的原因，最大的可能性是副产品链拓展模式需要在主产品链发展成熟后再开始实施，因此该治理模式的出现时间处于案例时间跨度范围内的后期。而其余的治理模式并不需要等待这个过程，因此在时间跨度范围内出现相对靠前的情况或者在各个时点上都有所出现。

案例发生年份和资源型产业生态化治理模式之间存在的相关关系，可以通过计算二者之间的相关系数来验证，具体结果见表6-4。

表6-4 案例发生年份和资源型产业生态化治理模式相关系数

相关关系类型		相关系数
Eta（E）	案例发生年份因变量	0.496
	治理模式因变量	0.621

从表6-4可以看出，案例发生年份和资源型产业生态化治理模式的相关系数为0.496，说明治理模式总体上具有时间发展序列特性。因此，可以得到如下研究结果：总体上来看，资源型产业的生态化治理模式随着时间而发生变化，二者存在中度的相关性，产品加工自循环治理模式和固废再利用主导型治理模式在早期采用比较多，而到产业发展后期副产品链拓展模式和主产品链延伸模式出现较多。

6.1.2 资源型产业园区生态化治理模式的社会网络特征

为了综合分析30个案例所体现出来的治理模式特征，本书将所有典型案例和辅助案例的社会网络数据进行汇总统计分析，得到具体计算结果，见表6-5。

表6-5　　不同治理模式的社会网络分析结果

治理模式及其社会网络分析项目		样本	最小值	最大值	平均值	标准偏差	偏度	峰度
副产品链拓展模式	整体网密度	9	0.0227	0.4464	0.2069	0.1671	0.8918	-0.6588
	网络平均距离	9	1.167	2.643	1.6523	0.4880	0.9765	-0.1410
	网络凝聚力指数	9	0.026	0.469	0.2237	0.1390	0.2989	-1.0274
	网络向外中心度	9	0.062	0.435	0.3186	0.1609	0.2799	-0.6981
	网络向内中心度	9	0.026	0.605	0.2015	0.1883	1.2291	0.7393
	核心治理主体数量	9	1	8	4.5556	2.1660	0.2265	-0.8790
	有效N（成列）	8						
废弃物集中分解模式	整体网密度	7	0.0331	0.6528	0.292029	0.2227427	0.502	-0.658
	网络平均距离	7	1.347	3.294	1.96843	0.711712	1.409	0.924
	网络凝聚力指数	7	0.042	0.826	0.39057	0.267425	0.441	-0.38
	网络向外中心度	7	0.039	0.624	0.18343	0.199231	2.376	5.941
	网络向内中心度	7	0.145	0.898	0.39929	0.282148	1.103	0.061
	核心治理主体数量	7	1	13	6.57	4.791	-0.062	-2.076
	有效N（成列）	7						
产品加工自循环模式	整体网密度	5	0.1333	0.375	0.21044	0.0990978	1.579	2.191
	网络平均距离	5	1.849	2.488	2.1536	0.238938	0.229	0.222
	网络凝聚力指数	5	0.227	0.515	0.328	0.110549	1.641	3.19
	网络向外中心度	5	0.138	0.549	0.372	0.154196	-0.772	0.908
	网络向内中心度	5	0.109	0.359	0.2108	0.099816	0.816	-0.214
	核心治理主体数量	5	6	10	7.6	1.517	1.118	1.456
	有效N（成列）	5						

续表

治理模式及其社会网络分析项目		样本	最小值	最大值	平均值	标准偏差	偏度	峰度
固废再利用主导型模式	整体网密度	7	0.0654	0.136	0.1014	0.0209	0.2801	-0.7523
	网络平均距离	7	1.31	2.024	1.6971	0.2628	-0.1281	-1.8878
	网络凝聚力指数	7	0.08	2.232	0.1426	0.0533	0.5599	-1.2637
	网络向外中心度	7	0.058	0.3825	0.2379	0.1153	-0.2327	-1.5301
	网络向内中心度	7	0.06	0.429	0.2485	0.1176	-0.1506	-0.6396
	核心治理主体数量	7	2	6	4.5714	1.3997	-1.0004	-0.1969
	有效N（成列）	7						
主产品链延伸模式	整体网密度	2	0.092	0.0985	0.09525	0.0045962		.
	网络平均距离	2	1.828	2.968	2.398	0.806102		.
	网络凝聚力指数	2	0.147	0.211	0.179	0.045255		.
	网络向外中心度	2	0.083	0.194	0.1385	0.078489	.	.
	网络向内中心度	2	0.095	0.281	0.188	0.131522	.	.
	核心治理主体数量	2	6	7	6.5	0.707		.
	有效N（成列）	2						

根据表6-5的结果，将5种治理模式的社会网络特征归纳如下：

（1）副产品链拓展模式的社会网络特征

第一，网络向外中心度高于向内中心度，物质流整体向外呈现发出的态势。在案例分析的9个副产品链拓展模式的项目中，网络向外中心度的均值为0.3186，高于网络向内中心度的均值0.2015，与前述3个属于该治理模式的典型案例所呈现的结果相同。

第二，网络的平均距离随着废弃物链的拓展在相应增长。例如，卡伦堡生态工业园的网络平均距离就从1961年的1.667，一直增长到2011年的2.643；韩国蔚山生态工业园的网络平均距离从1962年的1.263变化到2013年的1.278；中国台湾林园工业生态化示范区在规划前后的网络平均距离分别为1.167和1.195等。

以上结果表明，副产品链拓展模式的网络特征主要是网络平均距离随着时间不断增加，网络的向外中心度普遍高于向内中心度。

（2）废弃物集中分解模式的社会网络特征

第一，网络凝聚力指数高于其他治理模式的数值，产业生态网络围绕核心分解者主体的形态明显，如图6-1所示。在全部案例中，有7个案例属于废弃物集中分解模式，根据这些案例数据计算得出的网络凝聚力指数的平均值为0.39057，为5种治理模式中的最大值。

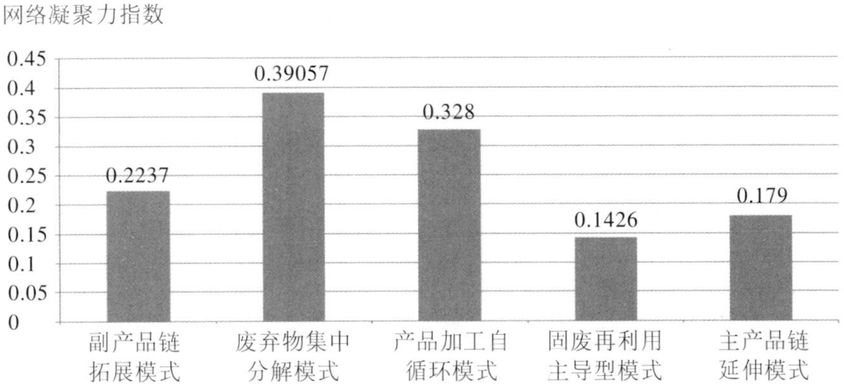

图6-1 不同治理模式的网络凝聚力指数对比

第二，产业生态网络从整体上呈现出网络向内中心度高于向外中心度的特征，反映出网络上存在若干核心分解者企业吸收废弃物的治理特征。7个案例的网络向内中心度的平均值为0.39929，高于网络向内中心度平均值0.18343，这个特征恰好与副产品链拓展模式的特征相反。

第三，产业生态网络上的中心度最高的主体一般为分解者企业，体现出废弃物围绕核心分解者集中生态化利用的特征。例如：日内瓦产业生态园中排第一位的核心主体是工业废弃物处理厂，奥地利施蒂利亚生态工业园中排第一位的核心主体是废纸收集厂，重庆市建桥工业生态园的废物处理机构的中心度排在第三位等。

第四，核心主体的治理强度数值高于其他治理模式的治理强度数值，表明在废弃物集中分解治理模式下，核心主体对物质流的控制程度最大。综合分析废弃物集中分解的7个案例的中心度数据，核心主体的中心度的平均值在5种治理模式中数值最大，是排在第二位的产品加工自循环模式数值的1.84倍。

第五，从形态上来看，废弃物集中分解模式的产业网络呈现星型链接特征，网络末端多为非分解者企业。在生态产业园内部，各类生产者和消费者以分解者为核心形成星型状态，从图6-2中可以看出，各类物质集中流入核心分解者企业，体现出废弃物集中处理的网络特征。与其他类型的产业园的生态网络不同，废弃物集中分解治理模式的网络末端多数由生产者企业和消费者企业构成，各类生产者企业和消费者企业均与核心分解者企业存在物质流交换关系。

上述结果表明，废弃物集中分解模式的网络特征是：网络凝聚力指数高于其他治理模式的数值，产业生态网络的向内中心度普遍高于向外中心度。

（3）产品加工自循环模式的社会网络特征

第一，产业生态网络的密度较高，在产品加工自循环模式下，产业网络上主体之间的链接关系数量较多。在产品加工自循环模式的5个案例中，网络密度最小值为0.1333，最大值为0.375，全距为0.2417，平均值为0.21044，高于固废再利用主导型模式、副产品链拓展模式和主产品链延伸模式下的平均值，略小于废弃物集中分解模式下的平均值。但是从网络密度的最小值来看，产品加工自循环模式的网络密度要显著高于废弃物集中分解模式下的数值0.0331，并且在后两种治理模式下网络密度的全距较高，为0.6197，表明从总体上看产品加工自循环模式下的案例多数情况下网络密度数值较高，之所以平均值低于废弃物集中分解模式的数值，主要是因为该治理模式下有一些极端值，增大了平均值。

第二，网络向外中心度高于向内中心度，产业生态系统总体上属于物质流出型，为达到废弃物最大程度的自循环，多数主体都具有向外输出副产品的物质流关系。在5个案例中，网络向外中心度的平均值为0.372，大于网络向内中心度平均值0.2108。

第三，核心主体在全部主体中所占比例普遍较高，反映出产品加工自循环模式下，物质流入和流出关系增多，具有控制力的主体数量将显著增加，见表6-6。在5种治理模式中，产品加工自循环模式的核心主体在全部主体中所占比例最大，其平均值约为70.85%，中位数也达到71.43%，而其他治理模式下该比例仅仅达到30%~40%，远远低于产品加工自循环模式下核心主体所占比例的数值。

表6-6　　不同治理模式下核心主体所占比例

模式	统计	缺失值	结果
副产品链拓展模式	N	有效	9
		缺失	0
	均值		0.314825
	中值		0.387500
废弃物集中分解模式	N	有效	7
		缺失	0
	均值		0.416945
	中值		0.382353
产品加工自循环模式	N	有效	5
		缺失	0
	均值		0.708498
	中值		0.714286
固废再利用主导型模式	N	有效	7
		缺失	0
	均值		0.313229
	中值		0.314145
主产品链延伸模式	N	有效	2
		缺失	0
	均值		0.433333
	中值		0.433333

上述结果表明，产品加工自循环模式的网络特征为：产业生态系统的网络密度总体上普遍较高，网络向外中心度高于向内中心度，具有控制力的主体数量显著多于其他治理模式的主体数量。

（4）固废再利用主导型模式的社会网络特征

在废弃物外部输入和产品输出的物质流平衡的制约下，产业网络的向外中心度和向内中心度之间的绝对差异是在所有治理模式中最小的，如图6-2所示。

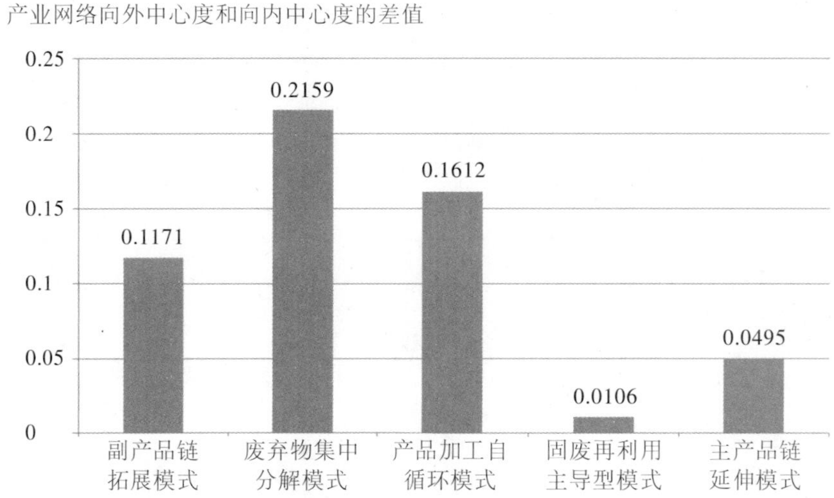

图6-2 不同治理模式下产业网络的向外中心度和向内中心度的差值

根据图6-2可以看出，在固废再利用主导型治理模式下，网络向外中心度和向内中心度的差值绝对值最小，为0.0106。

上述结果表明，固废再利用主导型模式的网络特征主要表现为：产业网络的向外中心度和向内中心度之间的绝对差异是在所有治理模式中最小的。

（5）主产品链延伸模式的社会网络特征

第一，主产品链延伸的幅度较大，使得本治理模式的产业网络平均距离在所有治理模式中最大。图6-3的数据表明主产品链延伸模式的产业网络平均距离为2.398，高于其他治理模式的网络平均距离。

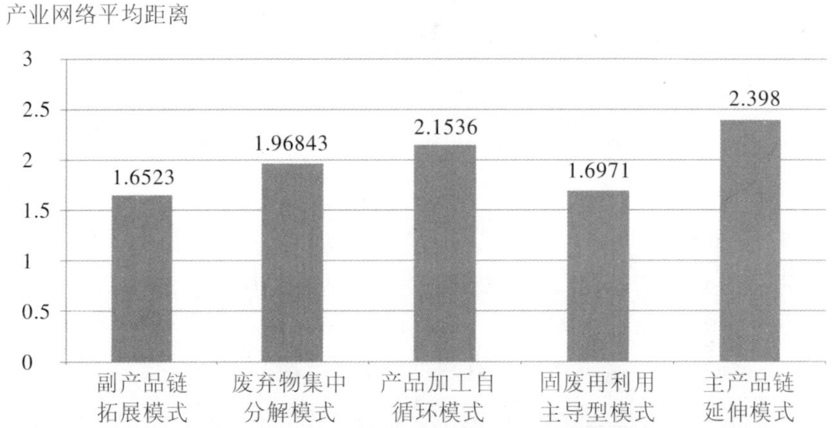

图6-3 不同治理模式下产业网络平均距离的比较

第二，产业生态网络上主体之间的链接关系相对数量较少，表现为整体网络密度较低。图6-4中的数据表明，主产品链延伸模式下的网络密度平均值为0.0925，总体上处于相对较低的水平。

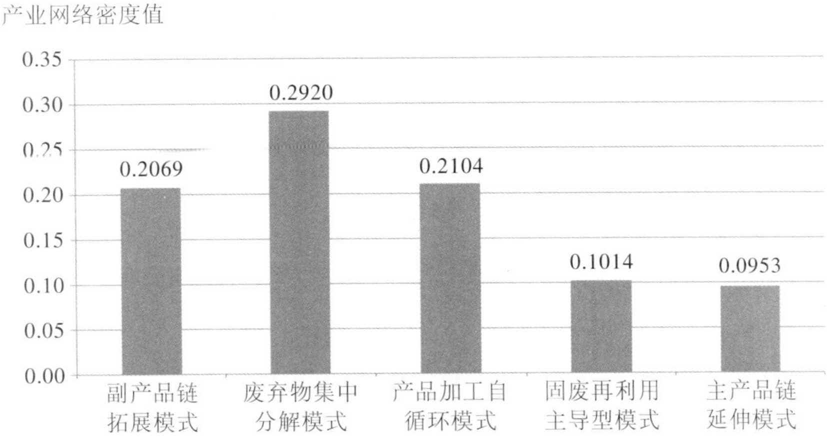

图6-4 不同治理模式下产业网络密度的比较

上述结果表明，主产品链延伸模式的网络特征为：产业网络平均距离在所有治理模式中最大，整体网络密度较低。

6.1.3 资源型产业园区生态化治理模式特征总结

根据上述分析，将5种治理模式的特征进行了总结，见表6-7。

表6-7 不同治理模式的特征

治理模式	治理特征
副产品链拓展模式	①以最初形成的主产品链接为基础，以持续引入分解者并扩展副产品交换链接为发展路径，表现为网络平均距离随着时间不断增加 ②产业网络上以分解者身份存在的核心主体数量不断增加，社会网络外围呈现出分解者和消费者分布众多的形态 ③网络的向外中心度普遍高于向内中心度，产业生态网络整体上呈现物质向外流出的态势 ④产业网络图整体上呈现向外发散的状态

续表

治理模式	治理特征
废弃物集中分解模式	①产业网络内产生的废弃物集中到若干个具有控制力的核心分解企业中进行生态化利用，网络凝聚力指数高于其他治理模式的数值 ②产业生态网络的末端主要由生产者和消费者类型的企业构成，网络链接关键点由分解者和生产者类型的企业构成，便于形成副产品向内流动的 集中态势，导致产业生态网络的向内中心度普遍高于向外中心度 ③产业生态网络上中心度最高的主体，一般为分解者企业 ④产业网络形态在整体上呈现出星型状态，表现出物质流向内吸引的特征
产品加工自循环模式	①废弃物在产业网络系统中展开充分的循环利用，使得产业生态系统的网络密度总体上普遍较高 ②多数主体具有向外输出废弃物的物质流关系，使得网络向外中心度高于向内中心度 ③核心主体在全部主体中所占比例普遍较高，具有控制力的主体数量显著多于其他治理模式的主体数量 ④产业网络形态整体上呈现出若干闭环，表现出明显的物质流循环特征
固废再利用主导型模式	①产业网络的废弃物主要来自系统外部，从物质流形态上具有明显的废弃物输入和产品输出特征 ②产业网络的向外中心度和向内中心度之间的绝对差异是在所有治理模式中最小的
主产品链延伸模式	①产业网络平均距离在所有治理模式中最大 ②主体之间的链接关系相对数量较少，表现为整体网络密度较低 ③主要围绕主产品物质流关系设计产业链条，产业网络形态整体上呈现出线性的扩展趋势

6.2 不同治理模式的匹配分析

6.2.1 单个产业与治理模式的总体匹配

将5种治理模式与具体产业进行交叉分析，绘制分布情况，如图6-5所示。对于农业产业而言，国内外主要采用产品加工自循环的治理模式；石化、能源等产业较多采用副产品链拓展治理模式；而废弃物集中分解治理模式和固废再利用主导型治理模式在机械制造、塑料化工、电子信息等产业都有所应用。

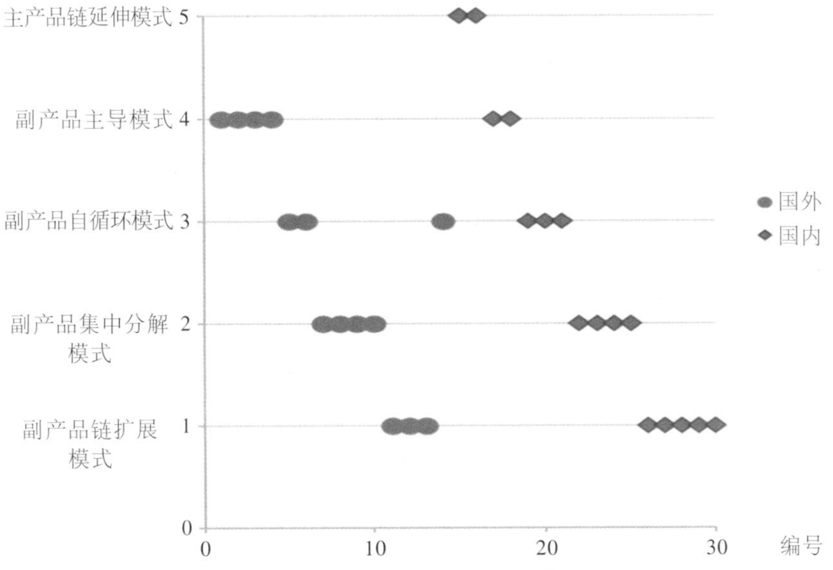

图6-5　单个产业类型下的生态化治理模式分布

6.2.2 不同类型园区与治理模式的匹配分析

依据本书第4章中15个典型案例的基础性分析，产业园区可分为4种类型；同时，在本书第5章中归纳总结出5种具有不同特征的产业园区治理模式。通过构建矩阵式的交叉表格，15个典型案例分布情况见表6-8，从表6-8中可以看出不同类型园区与治理模式的匹配情况；依据案例统计数据作出的交叉列联分析见表6-9。

表6-8 **典型案例在不同类型园区与治理模式匹配中的分布**

园区类型	治理模式				
	副产品链拓展模式	废弃物集中分解模式	产品加工自循环模式	固废再利用主导模式	主产品链延伸模式
单产业主导型	①芬兰 Kymi 工业生态园 ②抚顺矿业集团生态工业园区 ③中国台湾林园工业生态化示范区 ④准格尔矿业生态工业园	①江西星火工业园 ②芬兰森林生态工业园	①山东九发农业生态工业园 ②贵港国家生态工业（制糖）示范园区 ③斐济生态工业园	—	潍坊滨海开发区生态工业园区
多产业混合型	①卡伦堡工业园区 ②韩国蔚山生态工业园 ③陕西韩城龙门生态工业示范园 ④蒙西高新技术工业园区 ⑤甘肃省金昌市河西堡工业园	①日内瓦产业生态园 ②奥地利施蒂利亚生态工业园 ③重庆市建桥工业园区 ④合肥市高新技术产业开发区 ⑤包钢生态工业园	—	①布朗斯维尔生态工业园 ②天津泰达经济技术开发区 ③鲁北生态工业园	新疆天业集团生态工业园
资源再生型	—	—	—	①英国中西部产业共生项目 ②英国亨伯工业园 ③美国乔克托工业生态园 ④青白江工业园区	—
农产品加工与生活混合社区	—	—	①玛雅农业生态园 ②留民营村生态农业项目	—	—

表6-9 **不同类型的园区与治理模式的交叉列联分析**

			治理模式					总计
			副产品链拓展模式	废弃物集中分解模式	产品加工自循环模式	固废再利用主导型模式	主产品链延伸模式	
园区类型	单产业主导型	计数	4	2	3	0	1	10
		园区类型内	40.0%	20.0%	30.0%	0.0%	10.0%	100.0%
		治理模式内	44.4%	28.6%	60.0%	0.0%	50.0%	33.3%
	多产业混合型	计数	5	5	0	3	1	14
		园区类型内	35.7%	35.7%	0.0%	21.4%	7.2%	100.0%
		治理模式内	55.6%	71.4%	0.0%	42.9%	50.0%	46.7%
	资源再生型	计数	0	0	0	4	0	4
		园区类型内	0.0%	0.0%	0.0%	100.0%	0.0%	100.0%
		治理模式内	0.0%	0.0%	0.0%	57.1%	0.0%	13.3%
	农产品加工与生活混合社区	计数	0	0	2	0	0	2
		园区类型内	0.0%	0.0%	100.0%	0.0%	0.0%	100.0%
		治理模式内	0.0%	0.0%	40.0%	0.0%	0.0%	6.7%
总计		计数	9	7	5	7	2	30
		在园区类型内	30.0%	23.3%	16.7%	23.3%	6.7%	100.0%
		治理模式内	100.0%	100.0%	100.0%	100.0%	100.0%	100.0%

根据表6-8和表6-9中的内容和数据，对于资源再生型产业园区，案例研究结果显示：无一例外地都采用了固废再利用主导型治理模式，而农产品加工与生活混合社区则都采用了产品加工自循环模式。这两种园区类型与治理模式存在完全一一对应的关系。

单产业主导型和多产业混合型园区采用副产品链拓展治理模式和废弃物集中分解治理模式居多。对于单产业主导型园区，案例研究未发现采用固废再利用主导型治理模式的证据；对于多产业混合型园区，也缺失产品加工自循环治理模式的案例。在这两种类型的园区中都出现了主产品链延伸治理模式。

产业园区和治理模式之间存在的相关性，可以通过计算列联系数来衡量，具体结果见表6-10。

表6-10　　**不同产业园与治理模式的关联性**

相关系数	列联系数值		显著性P值
名义到名义	Phi	1.056	0.002
	Cramer V	0.610	0.002
	列联系数	0.726	0.002
有效个案数	30		

表6-10中列联系数值都在0.6以上，并且对应的显著性P值都小于0.05，表明产业园区和治理模式之间存在关联关系，不是彼此独立的。

需要进一步说明的是：表6-8中存在没有案例的若干个单元格，例如：资源再生型园区和副产品链拓展治理模式、废弃物集中分解治理模式等交叉单元格内，没有相应的案例出现。这个结果只是表明在本次案例研究中，尚未发现某些类型的园区采用某种治理模式的证据，并不能认为某种治理模式不适用于某种类型的园区。

实际上，即便是不采用案例实证检验，仅仅从逻辑推断上也可以判断，虽然表6-8中某些单元格缺失案例，但是现实中也可以设计出相应的产业生态网络。例如：农产品加工与生活混合社区可以在产品加工自循环治理模式的基础上，通过建设几个核心的分解者，例如：污水处理厂、农作物废弃物综合利用中心等，采用废弃物集中分解治理模式。

6.3 不同治理模式下的生态化治理规则

通过本书收集的30个案例以及对15个典型案例的深入剖析，不仅可以总结出5种有代表性的产业园区生态化治理模式，还可以总结归纳出下述不同治理模式中的治理规则。

6.3.1 副产品链拓展的治理模式规则

从卡伦堡生态工业园区、芬兰凯米（Kymi）生态工业园，以及韩国蔚山生态工业园、抚顺矿业集团生态工业园、陕西韩城龙门生态工业示范园等案例的治理途径以及治理模式可以看出，该种治理模式具有如下规则：

（1）主体企业增加规则

现有核心主体企业的地位始终保持不变，不断增加对废弃物具有强控制力的分解者企业的数量，或者通过深入挖掘现有核心主体企业之间的废弃物交换的潜力，实现废弃物交换关系的创新发展。

淘汰前期的部分核心主体企业，主副产业链上的主体企业都可以改变，着力引进构建其他作为分解者企业的核心主体，也可以通过能源项目将现有主产业链与居民社区相连接。

在最初规划阶段，如果具有相互独立的产业链，在规划时可以将其中的两个产业链通过增加中间企业连接起来；在后期规划阶段引入的企业分为两种类型，一种是嫁接在现有的产业链条的某个环节上，另外一种是引入企业形成独立的产业链，在原有产业网络的基础上，独立发展其他产业；对资源型产业网络的生态化治理，需要考察产业链条末端的企业类型，尽量避免生产者作为结束节点，尽可能以分解者作为末尾节点企业，也可以适当增加消费者作为末尾节点企业。

（2）物质交换关系构建规则

物质交换关系的构建通常可以分阶段进行，在初期发展阶段只是构建出主产业的链条，作为分解者的生态化主体企业一般起不到关键的影响作用。在后续的治理过程中，可以逐步增加核心治理主体企业的数量和控制力。

物质流交换设计侧重于分析，分析产业网络上的主体所产生的废弃物如何向该主体流出，并被其他现存主体或者新进主体资源化利用。

（3）治理模式的结构规则

第一，该模式需要构造出若干个主产品链条。主产品链条具有如下特征：第一，必须从某个企业开始，顺次形成物质流的传递关系，一直到链条的最后一个企业；第二，上游企业传递给下游企业的物质是上游企业自身产生的主产品，而不是生产主产品的过程中形成的诸如“三废”等废弃物；第三，从某个企业开始，顺次经过每一个企业形成的线性链条被称为一条主产品链。

第二，在主产品链条的基础上，构造废弃物链条，并不断向外延伸，使得产业生态网络的整体形态体现出外围存在较多分解者和消费者的格局。废弃物链定义的基本特征与主产品链相似，不同之处在于废弃物链上的上游企业向下游企业传递的是“三废”等废弃物。

该治理模式的结构如图6-6所示。

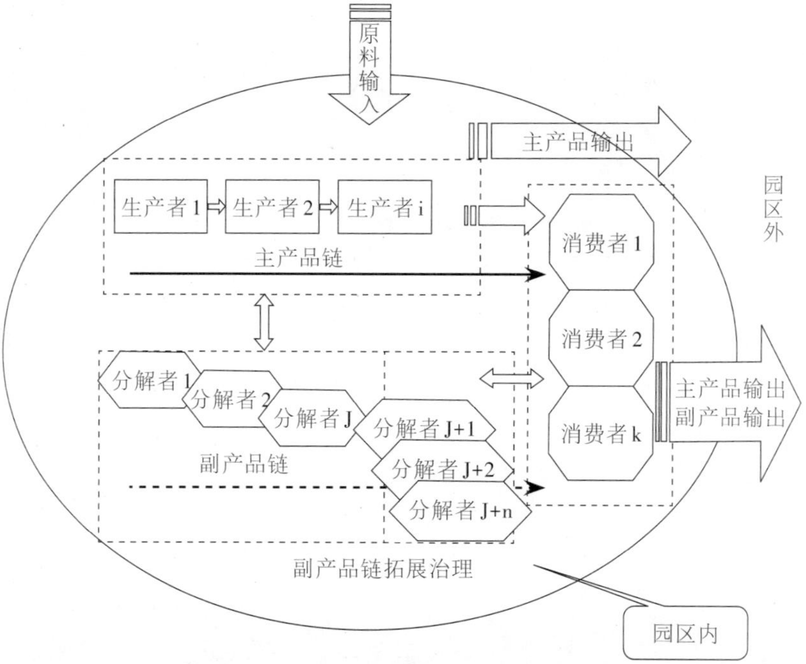

图6-6 副产品链拓展的治理模式结构

6.3.2 废弃物集中分解的治理模式规则

依据日内瓦（Geneva）产业生态园、奥地利施蒂利亚（Styria）生态工业园、重庆建桥工业园区以及芬兰森林工业生态园、合肥市高新技术产业开发区、包钢生态工业园、江西星火工业园等案例的治理途径以及治理模式可以总结出如下规则：

（1）主体企业增加规则

在已有的产业链和形成的网络中，重点并着力引入对废弃物起到集中处理作用的核心地位突出的分解者企业，该类企业具有综合处理“三废”以及各种生产者企业排泄的废弃物的能力。在废弃物集中分解的治理模式中，这种处于核心地位的分解者企业是产业园区实现生态化建设的关键要素。后续增加的主体可以不必局限在分解者企业，只要能与核心分解主体形成物质的流入关系就可以。

（2）物质交换关系构建规则

在生态化补链的过程中，通常重点围绕若干核心分解者构建物质流关系，使得这些分解者能够处于核心主体地位，往往形成轮式企业结构，而不是形成链式企业结构。在一个产业园区的生态网络中，通常围绕少量核心分解者形成若干个子群落，每个子群落里都存在多个生产者；构建群落时，通常需要尽力将生产者企业与核心分解者企业进行链接。

物质流交换关系的构建，需侧重于分析主产品链的企业排泄的废弃物种类，科学设计和建设处于核心地位的分解者企业的分解能力，制定合理的价格和鼓励政策，引导主产品链的企业废弃物作为原料顺利流入核心分解者企业。

在侧重物质流入关系建立的同时，还需要同时为核心分解者设计物质流出路径，使得生态网络中不仅具有物质流入的功能，还应该具备物质流出的功能。否则，很难实现其对生态化网络的核心控制效果。

（3）治理模式的结构规则

该模式的产业生态网络中，需要围绕若干核心分解者构造出若干个子群落，每个子群落里都存在多个生产者、消费者，并且都与核心分解者形成物质流入和流出关系。该模式的具体结构如图6-7所示。

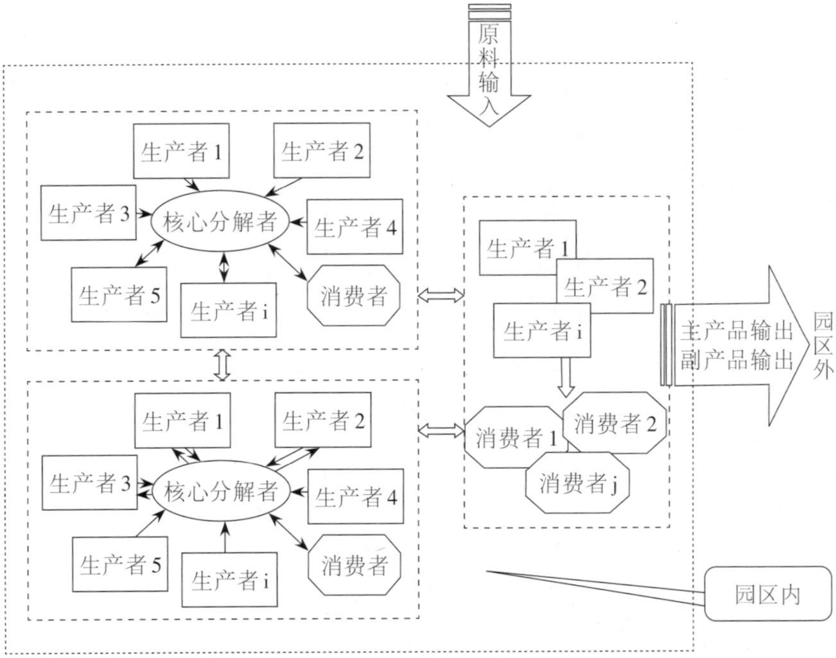

图6-7 废弃物集中分解的治理模式结构

6.3.3 产品加工自循环的治理模式规则

依据山东九发农业生态产业园、贵港国家生态工业（示范）园、斐济苏瓦（Suva）生态工业园区、菲律宾玛雅（Maya）农业生态园、北京留民营村农业生态项目等案例的治理途径以及治理模式可以归纳出该种治理模式具有如下规则：

（1）主体企业增加规则

该种生态化治理模式的最大特点是：在产业网络的发展中，不以追求持续增加的主体企业数量为目标，而是在已有的主体企业中最大程度上设计出主副产品交换关系，不断提升某一个生产主产品的主体企业的核心控制地位，实现园区主体企业之间的最大链接。

该种生态化治理模式的案例表明，由于农业生产性社区主要通过自组织的形式实现发展，所以其生态化发展网络往往存在缺乏废水集中处理的问题，需要权威主体通过政府规划治理措施，增加此类分解者企业的数量和控制力。

（2）物质交换关系构建规则

这种生态化治理是以农产品加工与生活混合社区为基础、其物质流示意顺向流动的形式实现的，并且形成闭环形式，循环往复。其实现的路径是不断增加具有分解废弃物和生产主产品双重功能的主体企业，从而实现不断循环的物质流交换关系，形成产业生态化系统。

在构建农业生态化网络关系时，往往需要在增加节点企业满足农业生产加工需求的基础上，兼顾居民社区的物质和能源需求。

（3）治理模式的结构规则

在该治理模式下的产业生态系统网络中，生产者、消费者和分解者之间形成多个闭环式的物质流交换结构，由此可以实现物质循环利用的最大化，其具体结构如图6-8所示。

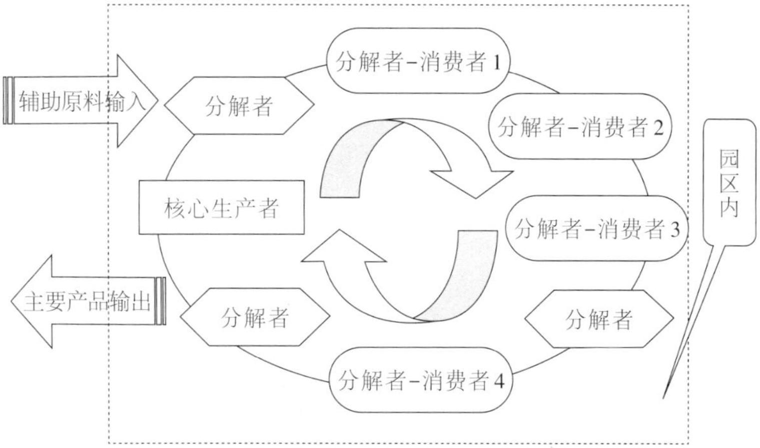

t

图6-8　产品加工自循环的治理模式结构

6.3.4　固废再利用主导型的治理模式规则

依据美国乔克托（Chocta）生态工业园、布朗斯维尔（Brownsville）生态工业园等案例的治理途径以及治理模式可以归纳出该种治理模式具有如下规则：

（1）主体企业增加规则

由于以该种模式建立的园区内没有主产品链，而且园区的输入（即主体原料）是以往被废弃的副产品，所以园区内只有两类企业，即分解者企业和消费者企业；该类园区生态化治理的首要任务是建设好具有主导作用的分解者企业，其次是不断加长分解者企业的链条，同时根据具体情况适度引进、增建消费者企业。该种园区的建设特征往往是在某一地区有需要集中处理、可以再利用的副产品，通常的设计和建设是在主产品产业的网络外部，通过建设独立的产业园区，引入专门资源化处理废弃物的主体企业，同时完善相关的配套企业。

（2）物质交换关系构建规则

这里需要关注的是，由于固废再利用主导型的园区中很多为污染比较严重的企业，对其设计和建设，进行资源型产业生态化改造，可以摆脱直接利用自然资源的物质流输入方式，将产业网络的物质流输入全部改造为生产和生活产生的废弃物输入，输出资源化的产品，实现流入和流出产业园区的物质平衡。

（3）治理模式的结构规则

在该治理模式下，产业生态系统网络上存在大量的分解者，对系统内外部的废弃物进行资源化利用，其具体结构如图6-9所示。

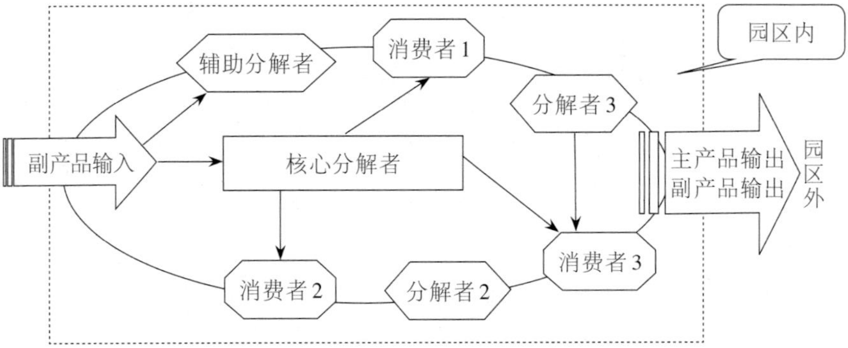

图6-9 固废再利用主导型的治理模式结构

6.3.5 主产品链延伸的治理模式规则

依据潍坊滨海开发区生态工业园区、新疆天业生态工业园等案例的治理途径以及治理模式可以归纳出该种治理模式具有如下规则：

（1）主体企业增加规则

在现有的产业链条上，不断增加主产品生产者的主体数量，以使产业链长度持续增加。

（2）物质交换关系构建规则

侧重于主产品交换关系的设计，废弃物交换关系需要围绕主产品生产来展开。

（3）治理模式的结构规则

在该治理模式下，存在不断向外延伸的主产品链，使得产业生态网络的外围多数为生产者和消费者所构成，其具体结构如图6-10所示。

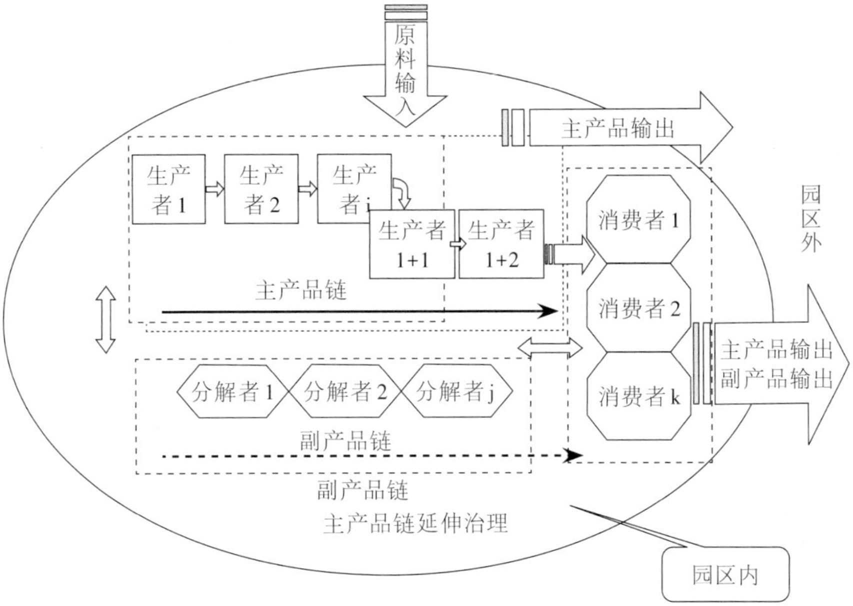

图6-10　主产品链延伸的治理模式结构

6.4　不同治理模式的适用条件分析

依据对典型案例的园区类型、社会网络的主要参数分析，以及不同治理模式的特征与治理规则的总结，可以进一步分析出不同治理模式的基本使用条件。

（1）副产品链拓展治理模式的适用条件

副产品链拓展治理模式的适用条件是：首先，产业园区内各企业之间已经存在物质流交换的稳定关系；其次，园区内已经存在若干处于核心地位的开展主产品交换的企业群，尽管链条长短有别，但是都具备了主产品链，或者已经形成，或者正在建设中；再次，园区中具有利于加工利用的废弃物；最后，在水资源、能源等自然资源有限性的制约下，需要通过资源梯级利用来逐步扩大产业链规模。

（2）废弃物集中分解治理模式的适用条件

废弃物集中分解治理模式的核心是引入集中分解者企业，而分解者企业往往规模较大，而且对各种废弃物质的处理能力都很强。因此，该种治理模式的适用条件是：第一，产业园区中具有一定产业同质度的若干企业群；第二，产业网络上的多数现有主体所产生的废弃物种类供应充足，能够通过引入若干核心分解者主体进入园区，并且具备可以处理的相当规模，从而实现了资源的集约生态化利用。

（3）产品加工自循环治理模式的适用条件

若要形成物质流的自循环，将主导企业产生的废弃物质通过再循环、再利用处理掉，并且基本实现零排放，则需要满足这样的条件，即使分解者企业、消费者与核心主产品生产企业之间形成比较完善的链接。因此，在此类园区中往往核心企业的地位十分突出，主产品单一，而废弃物的分解渠道较为多样化。对于农业生产和生活相结合的农业生产性社区而言，一个小范围地区的生产往往以一种单一的主产品形式出现，例如：某些农村村落以养猪、养鸡、养羊和与生产相应的食品为核心，有的以本地特色农作物为主要原料形成生产能力。该类区域由于生产和生活均处于同一社区内，往往符合废弃物的分解渠道多样化的要求，可以以不同的形式产生生态链中的分解者企业和消费者企业，从而能够以较低的交易成本构造出废弃物实现最大循环利用的产业生态网络。

（4）固废再利用主导型治理模式的适用条件

固废再利用主导型治理模式的对象往往适用于新建立的产业园区，多数作为另一个大型产业园区的附属园区，并与其并存。其适用条件是：第一，拟建设的固废再利用主导型治理模式生态产业园可以靠近并链接园区前端已建的主产品生产企业园区。这样，它能够接收到持续产生大量废弃物的产业园区，或者其下游建有能够再利用该园区处理后产品的产业园区，作为区域内现有产业的资源输出对象。第二，如果要大范围收集废弃物原料，则需要选择远离人口密集、环境要求严格的区域，可以通过建设一个能够实现废弃物资源化利用的独立园区来实现这一目标。

（5）主产品链延伸治理模式的适用条件

主产品链延伸的实现，以后端链接为主，前端链接为辅。在我国，资源型产业中往往开采的产业多，其中发展良好的仅限于初级资源产品的加工业。此类产业最适宜采用主产品链延伸的形式实现产业生态化。因此，第一，实施主产品链延伸治理模式可以选择矿产资源丰富、自然资源丰富的地区；第二，选择矿产资源、自然资源中已经具备从初级资源产品到深加工产品的多级产业链条构建基础。

6.5 本章的研究结果总结

首先，在不同国别、时间、产业和园区类型下，资源型产业园区生态化治理模式的选择具有显著差异，表明生态化治理模式存在情境性。

其次，五种资源型产业园区生态化治理模式存在显著不同的社会网络特征，可以通过网络形态和量化指标来综合判断治理模式类型。

再次，五种资源型产业园区的适用条件不同，并可以从主体增加、物质交换关系、治理模式结构三个方面构造每种模式的治理规则。

最后，治理模式的选择不仅要按照其园区类型和基本的运作规则，还需要考虑相应的适宜条件。

同时，本章的研究结论也使得“研究假设3”得到验证。

7 新疆地区资源型产业园区生态化治理模式的选择

本章在阐述并分析了新疆的自然资源禀赋的基础上，依据其资源产业发展的特征与现状，与本书提出的资源型产业生态化治理模式相匹配，对新疆资源型产业的生态化发展与治理模式作出了选择。

7.1 新疆地区的自然资源禀赋分析

新疆地域辽阔，是我国的资源大省，能源矿产、水土光热、生物等资源优渥丰厚。自然天成的环境特征使新疆地区拥有多样化的富集资源，例如：能源资源、矿产资源和水土光热资源等；同时，其自然资源禀赋中的生物资源优势突出，新疆地区生长着优质果品和农作物，其天然牧场有优质的畜牧产品等。

7.1.1 石油天然气资源

新疆蕴藏着丰富的石油天然气资源，在我国经济发展中具有重要的战略地位。新疆的油气资源主要分布在准噶尔、塔里木、吐哈三大盆地。依托三大盆地的油气资源，新疆已建成4个千万吨级大型炼化一体化基地。塔里木盆地埋深超6 000米的天然气资源占全国天然气资源的63.9%，是我国最大的深地油气富集区。新疆的石油资源量为228亿吨，占全国石油资源量的21.2%；天然气资源量为17.5万亿立方米，占全国天然气资源量的25.7%；煤层气地质资源量9万亿立方米，约占全国煤层气资源量的24.4%。已探明石油资源储量占全国首位，天然气资源量居全国第二位。近年来，新疆油气资源勘探开发步入高速发展快车道，玛湖油田、吉木萨尔页岩油田等10亿吨级大油田相继被发现。

在新疆的资源开发过程中，最早在全国形成影响力的是石油和天然气资源。2002年至2019年，新疆油田连续18年实现油气有效稳产千万吨。据国家统计局的数据，2022年新疆是我国油气产量最高的省份，油气产量当量为6 457.9万吨；原油产量排名第二，产量为3 213.3万吨；天然气产量也位居第二，产量为407.2亿立方米。这两类资源的产业长期占据了新疆地区工业的半壁江山，目前该类产业基本由国家掌控。同时，新疆在产业结构调整方面也逐步实现科学合理的发展规划。

7.1.2 煤炭等矿产资源

新疆矿产种类全、储量大，开发前景广阔。目前发现的矿产有152种，占全国发现矿产的87.9%。已查明矿产资源储量的有102种，占全国探明储量矿产163种的62.6%。其中矿产储量居全国首位的有12种，居全国第二位的有20种，居全国第三位的有10种，居西北地区首位的有32种。铜、镍、黄金等有色金属资源，铍、铯、钽、铌等稀有金属资源，石材、石棉、膨润土等非金属及钾盐等资源蕴藏丰富，且相对易于开采，在国家安全战略中具有重要地位和作用。

新疆煤炭预测资源量为2.19万亿吨，占全国的40%。新疆煤炭储备埋藏不深、煤层较厚、煤质相对较优越，致使煤炭的开采成本降低，形成相对较低的电价。其中铁矿保有储量为29.8亿多吨，铜矿为961.6万吨，锌矿为2 760万吨，钾盐为1.52多亿吨。新疆以此吸引了不少区外大企业及大集团落户于此，投资与能源开发相关的优势产业。此类资源与石油天然气资源类似，在新疆地区的发展中需要进一步的生态化发展规划。

7.1.3 农作物与果品资源

新疆地区复杂多样的地貌和土壤，以及适宜的气候，造就了丰裕的生物资源，形成了新疆地区独具特色的生物资源，主要产品有：棉花、瓜果、油料、甜菜、麻类、烟叶、药材、蚕茧等，其中棉花和瓜果尤以质优而闻名全国。

新疆地区盛产棉花。据统计，2012年新疆的棉花播种面积为2 581.24万亩，年产量达353.95万吨，占据全国总产量的52%，是重要的棉花产区，其中北疆玛纳斯河流域、吐鲁番盆地和南疆的广大地区是棉花的集中产地。

新疆地区的气温日较差大，有利于瓜果等有机作物积累碳水化合物，形成较高的甜度，是我国瓜果种植面积较大、品种和品质均居前列的地区。新疆地区的果品资源丰富多样，主要的品种有：葡萄、番茄、大枣、香梨、巴旦木、枸杞和哈密瓜等。全区林果业种植面积已达2 000万亩，瓜果类种植达1 000余万亩，2012年新疆水果（含果用瓜）产量为1 222.10万吨，其中园林水果为736.75万吨。新疆近年来尤其突出发展红色产业，番茄制酱，葡萄酿酒，还有枸杞、红花、辣椒等产品都在全国占据了重要地位。番茄酱的生产能力可达140万~150万吨，占全国产量的90%，是国际贸易量的1/4；枸杞、红花、啤酒花等占全国产量的50%~70%；葡萄酒占全国总产量的1/4，是国内重要的葡萄酒生产基地和大型葡萄酒企业的主要原料供应地。鉴于农产品的优势，及新鲜果不适合长途运输的因素，新疆现已形成以干果初级加工为主的农产品加工业，而更高级别的食品加工行业的建设尚不完善。

新疆的特色种植也异军突起，伊犁地区成为全球三大薰衣草产地之一，薰衣草精油制作已形成产业，远销内地和中亚。麻黄、罗布麻、甘草、贝母、党参、雪莲等药草也分布广泛，质量上乘。

7.1.4 畜牧业资源

新疆是我国四大牧区之一，天然牧场聚于天山南北，占地4 800万公顷，放养的牲畜以绵羊为主，其次是牛、马、山羊、驴、骆驼、骡、牦牛等，其中以新疆细毛羊、阿勒泰大尾羊、伊利乳肉兼用牛等驰名。2020年猪、牛、羊、禽肉产量达到157.66万吨，较2019年下降1.8%。其中：羊肉产量56.98万吨，牛肉产量43.99万吨，猪肉产量37.51万吨这三项皆下降，而禽肉产量19.17万吨，与2019年相比增长5.7%。禽蛋产量40.16万吨，牛奶产量200.04万吨；牛、羊、猪存栏5075.15万头，比2019年增长2.7%；牛、羊、猪出栏4 279.15万头，比2019年下降5.2%。

近年来，新疆各地不断改良、选育并引进新的优良生物品种，牲畜各项指标居全国领先地位，牧业生产有了较快的发展。除满足本区需要外，每年还有大量牛、羊、马、毛驴运往内地。发达的畜牧业提供了大量的毛、绒、肠衣、奶油、酥油、奶粉等畜产品，价廉物美的畜产品及其加工产品在国内外市场畅销。新疆地区的农牧业资源丰富，但是据本书作者的调查了解，该类资源的加工仍处于分散、落后的状态，畜牧业的生产科技水平有待进一步提高，而引入沿海先进技术仍需地方政策的调整配合，该类产业的生态化发展还需要进一步加强和提升。

7.1.5 土地资源与光热资源

新疆地区地域辽阔，农林牧可直接利用的土地面积为10.28亿亩，占全国农林牧宜用土地面积的1/10以上。拥有耕地近331万公顷，为全国平均水平的2.6倍，可垦荒地有1 000多万公顷，居全国首位。新疆是全国四大牧区之一，全疆有草原面积约5 733.3万公顷，居全国第2位。在“三山”和“两盆”周围有大量的优良牧场，牧场总面积为7.7亿亩，仅次于内蒙古、西藏，居全国第3位。

新疆深处内陆地区，受到高山阻隔，湿润的海洋气流难以进入，形成了极为干燥的温带大陆性气候。新疆光热资源丰富，日照时间长，太阳能理论蕴藏量为1 450~1 720千瓦时/平方米·年，全年日照时间平均为2 600~3 500小时，居全国第二位，年平均日照百分率变化在60%~80%之间。新疆积温高、无霜期长、气温年较差与日较差大、降水稀少、蒸发强烈、相对湿度低、夏季干热、冬季干冷、风大沙多，是典型的温带大陆型干旱气候。

7.2 新疆地区的环境污染与治理现状及问题分析

目前，新疆地区的资源型产业发展既面临机遇，又面临环境现状的严峻挑战——重化工为特征的产业结构决定了能源消费需求较高，工业“三废”排放量控制是目前面临的管理难题。近年来政府和相关部门也对此问题实施了一系列措施，已初见成效，但是仍存在一些问题。

7.2.1 能源的高消耗与低效率

自1978年以来，新疆地区的能源消费总量急速增加，由1978年的979.27万吨标准煤上升到2020年的18 981.81万吨标准煤。2020年，在全部产业中，工业生产耗能最高，达14 212.44万吨标准煤，占所有产业的74.87%。采矿业、石油加工、炼焦及核燃料加工业、化学原料及化学制品制造业等行业的耗能量也居于前列，其中各种资源型产业能源消耗见表7-1。

从能源消费增长、电力消费增长、能源消费弹性系数来看，新疆地区的能源消费要高于全国平均水平，见表7-2。其中，2003—2005年新疆能源消费环比增长速度最快，自2006年起新疆能源消费环比增长速度逐年降低；在经济危机的影响下，2009年能源消费的增长速度降至历年最低，而2010年又出现回涨趋势。近10年来（2011—2021年）新疆能源消费水平呈现显著下降的趋势，基本与全国能源消费水平持平。

由此可以发现，新疆地区在能源消费方面存在的“三高一低”问题，即高消耗、高浪费、高污染和低效率已经在近10年来（2011—2021年）得到显著的改善。新疆经济在快速发展的同时，通过提高能源利用率、减少能源浪费，摆脱了能源消费过高的窘境。

表7-1

2013年新疆资源型产业能源消耗量

行业	能源消费总量（万吨标准煤）	消费量							
		煤炭（万吨）	焦炭（万吨）	原油（万吨）	汽油（万吨）	煤油（万吨）	柴油（万吨）	燃料油（万吨）	天然气（亿立方米）
消费总量	11 831.62	11 867.27	1 011.07	2 602.85	164.73	45.36	473.35	8.06	101.95
农、林、牧、渔业	529.32	103			9.9	0.45	70		0.02
工业	8 894.94	11 344.27	1 011.07	2 522.85	8.01	0.04	79.71	8.06	89.75
采矿业	1 481.25	715.53	27.82	102.39	3.51		55.26	0.04	55.72
煤炭开采和洗选业	399.17	566.73	22.64		0.79		14.41		0.01
石油和天然气开采业	873.92	82.2		102.38	1.66		1.98		54.94
黑色金属矿采选业	78.31	34.53	1.04		0.14		5.21		0.25
有色金属矿采选业	36.98	13.11	2.16		0.1		1.32		
非金属矿采选业	17.4	13.94	1.98		0.02		1.18		
开采辅助活动	75.48	5.02		0.01	0.8		31.16	0.04	0.52
制造业	6 279.14	5 632.75	983.25	2 420.44	2.87	0.02	23.59	7.99	31.19
农副食品加工业	110.7	115.87	3.35		0.36		0.49		0.04

续表

行业	能源消费总量（万吨标准煤）	消费量							
		煤炭（万吨）	焦炭（万吨）	原油（万吨）	汽油（万吨）	煤油（万吨）	柴油（万吨）	燃料油（万吨）	天然气（亿立方米）
食品制造业	78.7	75.38			0.2		0.45		0.1
酒、饮料和精制茶制造业	23.76	17.43			0.08		0.05		0.07
烟草制品业	1.28	0.95			0.02				
纺织业	82.48	21.31			0.16		0.06		0.01
纺织服装、鞋、帽制造业	0.44	0.31			0.01				
皮革、毛皮、羽绒及其制品业	0.5	0.37			0.01		0.01		
木材加工及木、竹、藤、棕、草制品业	13.12	14.1					0.08		
家具制造业	1.06	0.65			0.02		0.02		
造纸及纸制品业	29.12	32.6			0.03		0.04	0.01	
印刷和记录媒介复制业	0.6				0.03		0.01		
文教、工美、体育和娱乐用品制造业	0.26								
石油加工、炼焦及核燃料加工业	1 406.43	2 543.36		2 420.44	0.25	0.02	1.21	7.98	12.31
化学原料及化学制品制造业	1 498.64	1 046.44	231.56		0.44		3.28		17.7

表7-2　　　　新疆地区与全国的能源消费情况比较

年份	能源消费增长率（%）		电力消费增长率（%）		生产总值增长率（%）		能源消费弹性系数		电力消费弹性系数	
	新疆	全国	新疆	全国	新疆	全国	新疆	全国	新疆	全国
1985	13.60	8.1	11.5	9.0	16.9	13.5	0.80	0.38	0.68	0.67
1990	9.30	1.8	10.8	6.2	11.7	3.8	0.60	0.42	0.92	1.63
1995	4.90	6.9	13.4	8.2	9.0	10.9	0.79	0.67	1.49	0.75
2000	3.10	3.5	8.1	8.0	8.2	8.4	0.47	0.40	0.99	1.13
2001	5.40	3.3	9.5	9.3	8.1	8.3	0.54	0.44	0.99	1.12
2002	3.60	6.0	7.4	11.8	8.1	9.1	0.63	0.66	0.91	1.30
2003	12.20	15.3	10.5	15.6	10.8	10.0	1.13	1.53	0.97	1.56
2004	17.70	16.1	13.3	15.4	11.1	10.1	1.59	1.60	1.20	1.52
2005	15.10	10.6	16.6	13.5	10.9	11.3	1.39	0.93	1.52	1.19
2006	9.80	9.6	14.8	14.6	11.0	12.7	0.89	0.76	1.35	1.15
2007	8.70	8.4	16.0	14.4	12.2	14.2	0.71	0.59	1.31	1.01
2008	7.50	3.9	16.0	5.6	11.0	9.6	0.68	0.41	1.45	0.58
2009	6.50	5.2	14.3	7.2	8.1	9.2	0.80	0.57	1.77	0.78
2010	10.2	6	20.8	13.2	10.6	10.4	0.96	0.58	1.96	1.27
2011	20.2	7.1	24.2	12.1	12	9.3	1.68	0.76	2.02	1.30
2012	19.2	3.9	37.2	5.9	11	7.7	1.74	0.51	3.38	0.77
2013	—	3.7	—	7.5	—	7.7	—	0.48	—	0.97
2014	9.5	2.7	19.6	6.7	10.0	7.4	0.95	0.36	1.96	0.91
2015	5.0	1.3	14.4	0.3	8.8	7.0	0.57	0.19	1.64	0.04
2016	4.1	1.7	7.8	5.5	7.5	6.8	0.55	0.25	1.04	0.81
2017	6.7	3.2	9.0	7.7	7.6	6.9	0.88	0.46	1.18	1.12
2018	1.8	3.5	9.4	8.5	6.1	6.7	0.30	0.52	1.54	1.27
2019	4.5	3.3	6.6	4.7	6.2	6.0	0.73	0.55	1.06	0.78
2020	2.7	2.2	5.7	3.7	3.4	2.2	0.79	1.00	1.68	1.68

数据来源：《2021年中国统计年鉴》《2021年新疆统计年鉴》。

7.2.2 资源型产业“三废”的高排放

随着区域经济在能源资源型产业支撑下的高速发展，工业生产所排放的废气、废水、固体废弃物（即“三废”）也急剧增加。

（1）以二氧化碳、氮氧化合物为主的大气污染加重

2020年工业企业废气及污染物排放情况见表7-3。2020年新疆工业废气排放总量为25 745.48亿立方米。其中，电力、热力的生产和供应业，黑色金属冶炼及压延加工业，非金属矿物制品业，化学原料及化学制品制造业，石油加工炼焦及核燃料加工业等资源型产业的废气排放量居于其他工业部门前列。

与同位于西北地区的甘肃、青海和宁夏比较，新疆地区的工业二氧化硫排放量、工业烟尘排放量和工业粉尘排放量都是最高的，如图7-1所示。

表7-3 2020年新疆工业企业废气及污染物排放情况

行业	工业废气排放量（亿立方米）	工业二氧化硫排放量（吨）	工业氮氧化物排放量（吨）	工业烟（粉）尘排放量（吨）
合计	25 745.48	89 480.12	118 734.95	388 090.74
黑色金属矿采选业	43.97	34.88	53.62	841.17
有色金属矿采选业	63.03	316	173.05	6 282.16
农副产品加工业	88.59	1 317.19	964.15	750.16
造纸及纸制品业	16.17	63.02	83.26	20.3
石油加工炼焦及核燃料加工业	1 451.4	4 587.57	18 577.69	12 820.48
化学原料及化学制品制造业	1 594.34	2 585.15	5 770.89	1 469.97
非金属矿物制品业	2 352.86	10 836.43	20 102.98	17 490.62
黑色金属冶炼及压延加工业	3 434.64	7 052.21	10 692.03	18 510.11
有色金属冶炼及压延加工业	3 889.9	36 046.15	9 432.6	2 269.25
电力、热力的生产和供应业	6 602.99	23 242.91	4 3641.72	25 164.36
其他行业	6 207.59	3 388.61	9 242.96	302 472.16

数据来源：《2021年新疆统计年鉴》。

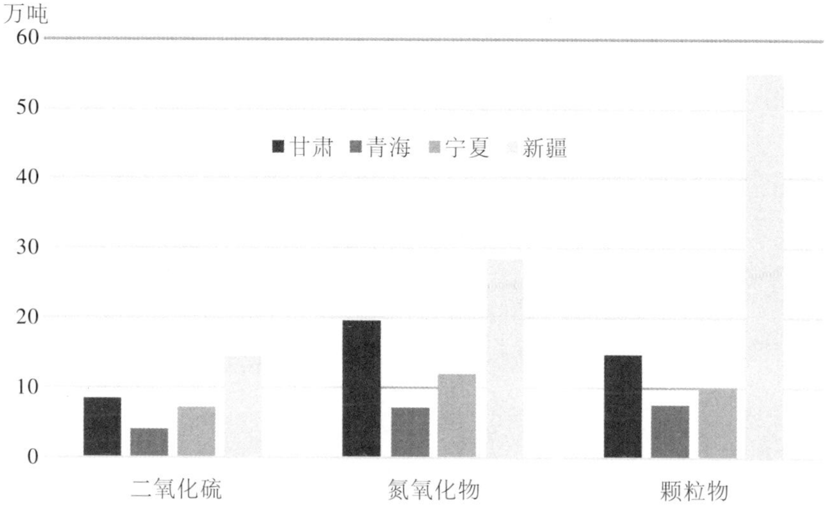

图7-1　西北部分地区废气排放量比较

数据来源：《2021年中国统计年鉴》。

（2）以工业废水为主的水体污染严重

水资源总量逐渐下降，同时工业废水排放日益增多和处理不当，使这一地区陷入了严重水质型缺水局面。2020年新疆工业企业废水及污染物的排放情况见表7-4。2020年新疆工业废水排放量为9 705.25万吨，其中化学纤维制造业，化学原料及化学制品制造业，电力、热力的生产和供应业，食品制造业，黑色金属冶炼及压延加工业，造纸及纸制品业，石油加工、炼焦及核燃料加工业，农副食品加工业等资源型产业废水排放占工业废水排放总量的71.1%。

与同位于西北地区的甘肃、青海、宁夏相比，新疆地区废水中化学需氧量、废水中氨氮、废水中石油类都最高具体情况如图7-2所示。

表7-4　**2020年新疆工业企业废水及污染物的排放情况**

行业	工业废水排放量（万吨）	工业废水中化学需氧量排放量（吨）	工业废水中氨氮排放量（吨）
合计	9 705.25	6 177.44	298.29
农副食品加工业	611.56	1 280.69	38.17
食品制造业	875.88	668.13	48.49

续表

行业	工业废水排放量（万吨）	工业废水中化学需氧量排放量（吨）	工业废水中氨氮排放量（吨）
酒、饮料和精制茶制造业	220.38	426.46	22.98
纺织业	76.3	16.63	0.44
造纸及纸制品业	120.02	81.49	1.6
石油加工、炼焦及核燃料加工业	1 331.96	299.16	5.6
化学原料及化学制品制造业	1 629.07	591.41	76.78
化学纤维制造业	2 099.77	1 105.57	37.26
黑色金属冶炼及压延加工业			
电力、热力的生产和供应业	227.77	52.21	0.95
其他行业	2 515.54	1 655.69	66.02

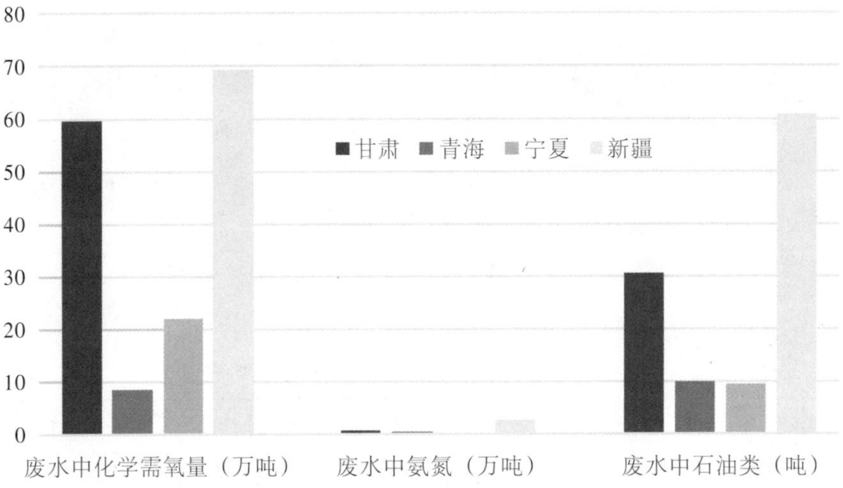

图7-2 西北部分地区废水排放量比较

数据来源：《2021年新疆统计年鉴》。

（3）工业废弃物排放量急剧增加

新疆地区的工业生产制造出数量巨大的固体废弃物，加之处理能力不足、综合利用度不够，导致不得不占用大量土地长期堆放。其中有害成分分解进入大气、水体和土壤，对城市和环境的冲击越来越大。2020年新疆工业企业固体废物产生量及处理利用情况见表7-5。

表7-5　**2020年新疆工业企业固体废物产生量及处理利用情况**　单位：万吨

行业	产生量	综合利用量	贮存量	处置量	倾倒丢弃量
合计	8 206.82	3 197.38	3 138.57	2 014.28	3.84
煤炭开采和洗选业	409.26	264.55	21.46	121.99	3.29
黑色金属矿采选业	1 058.92	301.01	693.15	141	
有色金属矿采选业	1 867.98	194.57	1 528.74	146.46	0.05
农副产品加工业	29.71	17.09	5.43	8.45	
食品制造业	21.34	11.93	0.06	9.4	0.01
纺织业	0.03	0.01		0.02	
化学原料及化学制品制造业	1 206.3	649.13	382.39	174.93	0.01
非金属矿物制品业	74.46	45.51	1.06	28.02	0.01
黑色金属冶炼及压延加工业	603.15	428.45	64.49	145.93	
电力、热力的生产和供应业	1 687.65	934.16	386.29	369.53	0.36
其他行业	1 248.02	350.97	55.5	868.55	0.11

数据来源：《2021年新疆统计年鉴》。

2020年新疆工业固体废物产生量为8 206.82万吨，综合利用量为3 197.384万吨，综合利用率为38.96%，低于全国综合利用率百分比55.45%。这些固体废物以煤研石、炉渣、粉煤灰、脱硫石和尾矿为主，主要集中在黑色金属矿采选业，化学原料及化学制品制造业，黑色金属冶炼及压延加工业，电力、热力的生产和供应业。堆存填埋这些废物不仅占用了大量土地，而且会对空气、水源产生二次污染。

与同位于西北地区的甘肃、青海、宁夏比较，新疆的工业固体废物产生量、工业固体废物贮存量排在第二位，青海排第一；新疆的工业固体废物倾倒丢弃量与其他省份相比偏高，四省当中只有新疆的工业固体废物倾倒丢弃量达万吨以上，如图7-3所示。

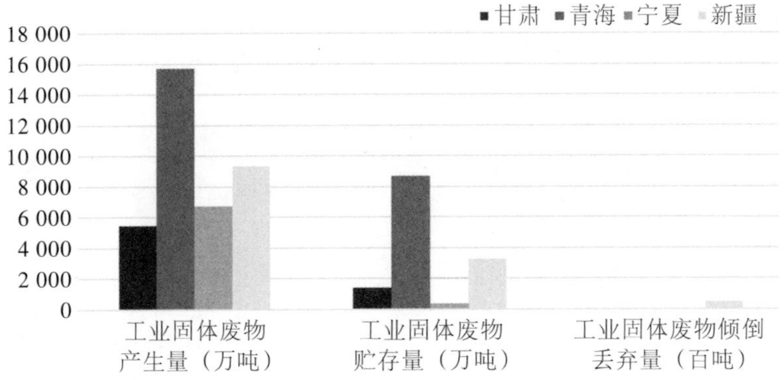

图7-3 西北部分地区固废排放量比较

数据来源：《2021年新疆统计年鉴》。

从以上分析可以看出：资源型产业虽然给新疆带来经济增长，新疆的工业固体废物的处理能力也有所提高，但是工业废气、废水处理方面仍有提高的空间。

7.2.3 生态环境建设与治理现状

在我国不断推进西部大开发的战略部署中，生态环境建设是重点建设项目，它不仅要进行环境污染治理，还要进行原始自然资源保护、植被建设、水土保持、荒漠化治理、草原保护、生态农业发展以及生态环境恢复重建等。新疆自发展以来资源型产业成为其主要的产业结构，能耗较高、污染较高，因此其逐步认识到对生态环境进行建设与治理的重要性，逐年加大对环境污染治理的投资，并取得一定的成效。2019—2020年新疆环境污染治理的投资状况见表7-6。

表7-6 **2019—2020年新疆环境污染治理的投资状况** 金额单位：万元

治理项目	2019年	2020年
环境污染治理投资总额	1 389 415	726 181
城镇环境基础设施建设投资	205 920	85 223

续表

治理项目	2019年	2020年
污水处理	121 392	38 422
垃圾处理	53 690	16 451
工业污染源治理投资	121 980	51 615
工业废水治理项目	4 168	4 355
工业废气脱硫治理项目	29 668	24 148
工业废气脱硝治理项目	11 768	1 824
污染物自动在线监测仪器安装项目	2	440
当年完成环保验收项目环保投资	1 061 515	589 343
废水治理环保投资	150 611	79 113
废气治理环保投资	381 609	205 945
固体废物治理环保投资	39 958	43 384
噪声治理环保投资	9 913	12 152
绿化及生态环保投资	28 113	13 494
环境污染治理投资总额相当于新疆生产总值比例（%）	1.0	0.5

数据来源：《2021年新疆统计年鉴》。

在新疆地区的生态环境改善建设中，首先是要进行植被建设。新疆地区的森林植被建设在2003年和2009年达到最大，并且在造林方式上以人工造林为主，如图7-4所示。所建设的森林植被包括用材林、经济林、防护林、薪炭林以及特种用途林，其中经济林、防护林所占比例平均达到41%和55%，如图7-5所示。新疆地区将森林植被建设作为改善生态环境的主要措施。

其次，退耕还林在新疆生态环境建设与改善中也发挥了重要的作用，2003年新疆地区的退耕还林面积达到最大，此后逐年下降，2015年之后又有所回升，见表7-7。

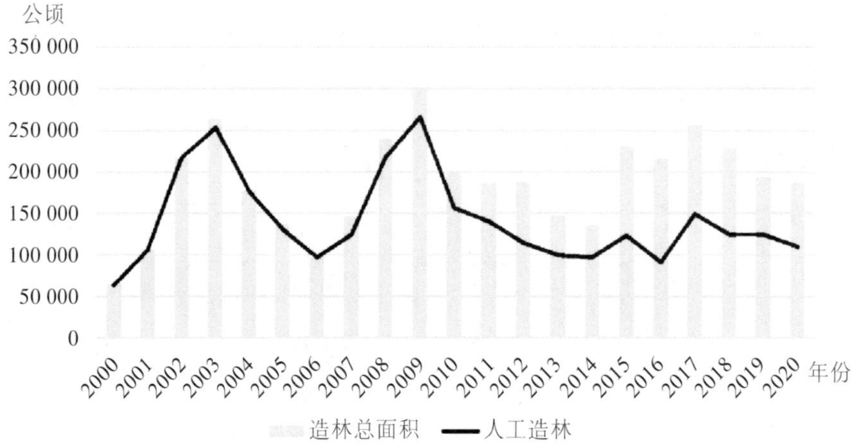

图7-4　2000—2020年新疆地区森林植被建设面积

数据来源：《2021年新疆统计年鉴》。

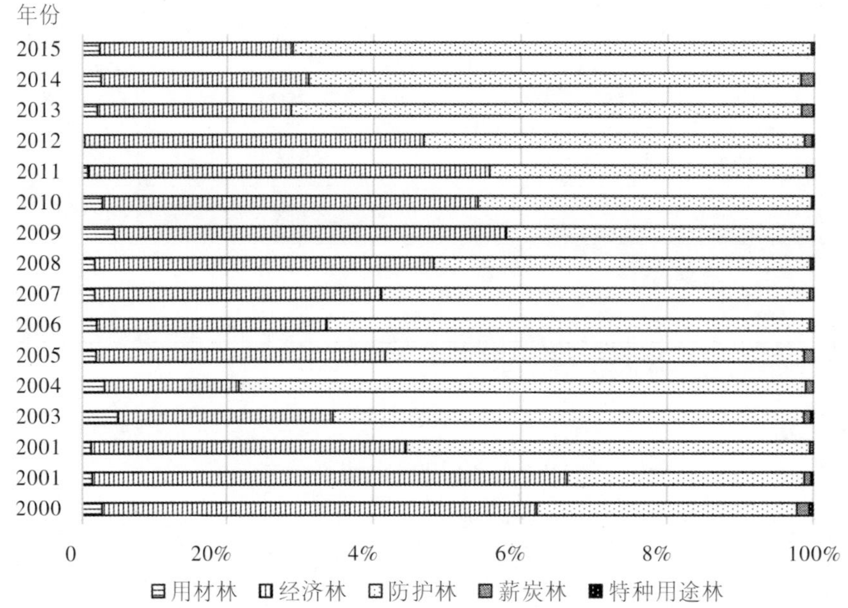

图7-5　2000—2015年新疆地区森林植被建设种类占地面积比例

数据来源：《2011—2015年新疆统计年鉴》。

表7-7　2001—2020年新疆地区的造林总面积和退耕还林面积　单位：公顷

年份	造林总面积	退耕还林面积
2001	102 317	13 173
2002	199 324	113 010
2003	235 924	175 314
2004	152 967	82 838
2005	133 778	62 457
2006	88 744	38 160
2007	138 700	32 926
2008	187 318	50 977
2009	270 997	48 120
2010	177 674	38 034
2011	162 187	33 066
2012	187 321	47 091
2013	116 713	33 460
2014	113 756	15 588
2015	169 773	33 316
2016	156 834	12 367
2017	231 259	81 490
2018	175 029	59 440
2019	151 186	61 584
2020	154 997	73 214

数据来源：《2021年新疆统计年鉴》。

同时，在新疆地区经济发展的工业化进程中，也出现了其他地区发展所存在的城市用水、工业用水、农业用水、生态用水的相互挤占问题。

再次，是水资源的开发利用。新疆地区的水资源紧缺，仅为长江流域省份的9%，加之开发利用不合理，近10年来水资源量呈波动下降趋势，地下水资源量也呈现递减趋势，导致该地区的水资源较为紧缺。2020年水资源总量仅为811.94亿立方米，见表7-8。水资源紧缺带来的结果是生态环境逐步恶化。

表7-8　　2000—2020年新疆地区的水资源量　　单位：亿立方米

年份	水资源总量	地表水资源量	地下水资源量	地下水资源重复量
2000	952.40	897.10	636.29	580.99
2001	1 024.40	966.90	692.31	634.81
2002	1 068.60	1 006.00	724.85	662.25
2003	920.10	863.20	604.30	547.40
2004	855.40	809.20	502.60	456.40
2005	962.82	910.66	562.57	510.41
2006	953.12	903.84	554.13	504.85
2007	863.80	816.60	514.10	466.90
2008	802.60	759.50	518.50	475.36
2009	754.29	713.64	470.47	429.82
2010	1 113.136	1 051.219	624.263 6	562.346 6
2011	885.65	840.97	540.2	495.51
2012	903.2	854.2	557	508
2013	956.07	905.58	561.27	510.89
2014	726.93	686.55	443.93	403.55
2015	930.4	880.1	545	494.7
2016	1 093	1 038.87	610.41	556.31
2017	1 013.07	963.96	586.98	537.86
2018	858.8	817.8	496.97	456
2019	870.1	829.7	508.5	468
2020	811.94	771.48	503.51	463.04

数据来源：《2021年新疆统计年鉴》。

最后，是工业污染的治理。新疆地区对于工业污染的治理力度逐年增强，从污染治理项目完成投资额来看，由2000年的22 311万元上升到2014年的367 661万元，治理废水完成投资由2000年的8 528万元上升到2014年的38 974万元，治理废气投资由9 116万元上升到326 871万元，治理固体废物投资由349万元上升到2013年的8 187万元，具体的投资完成情况见表7-9。

表7-9 **2000—2020年新疆地区的工业污染治理投资完成情况**

金额单位：万元

年份	汇总工业企业数（个）	污染治理项目本年完成投资	治理废水	治理废气	治理固体废物	治理噪声	治理其他	本年施工项目数（个）	本年竣工项目数（个）
2000	154	22 311	8 528	9 116	349	4 109	209	203	198
2001	113	32 009	25 917	4 886	723	66	416	113	106
2002	89	16 952	5 015	8 241	2 206	261	1 229	129	85
2003	83	26 509	9 298	9 514	4 865	21	2 811	104	94
2004	94	29 622	12 334	13 114	2 756	92	1 327	146	110
2005	97	44 008	23 549	9 656	371	321	10 111	162	153
2006	92	45 229	26 876	12 036	2 582	32	3 703	143	132
2007	90	60 138	29 958	23 891	1 676	219	4 394	117	103
2008	72	68 004	33 123	31 999	1 964	270	648	120	120
2009	99	125 435	22 242	99 849	600	170	2 574	109	100
2010	66	66 813	19 687	46 276	800		50	56	48
2011	81	231 693	36 028	195 202		75	317	154	92
2012	79	79 106	37 905	40 483			718	72	54
2013	83	223 866	38 658	167 383	8 187	38	9 599	83	79
2014	70	367 661	38 974	326 871	42	38	1 736	70	76
2015	80	152 646	28 969	121 003	328		2 346	79	52
2016	50	142 508	15 472	77 560	1 205		48 270	64	33
2017	107	112 321	31 870	64 583	4		15 864	109	71
2018	68	98 297	4 407	70 561	922		22 407	78	63
2019	82	121 980	4 167	113 904	85		3 824	82	58
2020	84	51 615	4 355	39 191		170	6		

数据来源：《2021年新疆统计年鉴》。

随着对于生态环境治理的重视，投资力度的逐渐增加，工程措施的加强，生态环境的治理取得了一定的效果，资源型产业的工业废气排放达标量为25 745.48亿立方米，工业二氧化硫排放量为89 480.12吨，见表7-10。

表7-10 2020年新疆地区分行业废气及污染物排放情况

行业	工业废气排放量（亿立方米）	工业二氧化硫排放量（吨）	工业氮氧化物排放量（吨）	工业固体废物处置量（吨）
合计	25 475.48	89 480.12	118 734.95	388 090.74
黑色金属矿采选业	43.97	34.88	53.62	841.17
有色金属矿采选业	63.03	316	173.05	6 282.16
农副产品加工业	88.59	1 317.19	964.15	750.16
造纸及纸制品业	16.17	63.02	83.26	20.3
石油加工、炼焦及核燃料加工业	1 451.4	4 587.57	18 577.69	12 820.48
化学原料及化学制品制造业	1 594.34	2 585.15	5 770.89	1 469.97
非金属矿物制品业	2 352.86	10 836.43	20 102.98	17 490.62
黑色金属冶炼及压延加工业	3 434.64	7 052.21	10 692.03	18 510.11
有色金属冶炼及压延加工业	3 889.9	36 056.15	9 432.6	2 269.25
电力、热力的生产和供应业	6 602.99	23 242.91	43 641.72	25 164.36
其他行业	6 207.59	3 388.61	9 242.96	302 472.16

数据来源：《2021年新疆统计年鉴》。

此外，新疆地区还规划建设了自然保护区以及国家生态示范区等进行生态环境保护，2020年建成自治区级以上自然保护区28个，建成面积1 987.5万公顷，占辖区面积比重10.8%；建设国家生态示范区9个，建成面积1 360.615万公顷，占辖区面积比重7%。

综上分析，西部大开发以来，新疆地区“三废”投资的社会经济效果并不理想。在西部大开发战略的实施过程中，虽然在不断地增加环境建设与治理的投资，但对于生态环境的保护还远远不够，尚未达到预期水平；同时，用于“三废”治理的固定资产投资规模较小，与其他固定资产投资的规模存在一些差距，从而使治理的进程尚未超过污染的步伐。

根据新疆国民经济和社会发展第十三个五年规划的要求，2020年，新疆全区的生产总值年均增长6.1%以上；全区的工业增加值比上年增长6.2%；单位工业增加值能源消耗比上年增长0.40%，主要污染物排放总量显著减少。废水中化学需氧量排放量逐年下降，由2016年的156 928.3吨，下降为2019年的103 085.7吨。2020年统计范围发生变化，化学需氧量排放量为565 376.2吨。

7.3 新疆地区的代表性产业园区与资源型产业选择

7.3.1 新疆地区产业园区的基本状况分析

根据2020年的统计数据，新疆地区目前经国家和自治区批准的各类产业园区已经达到80余家，分布在新疆各个地州市。为了突出本书针对资源型产业的特点，在确定可以实施生态化治理的园区中，将新疆专门开展出口贸易的一些边境经济合作区从研究对象中剔除，最终在现有的园区中，筛选出47家产业园区作为分析生态化治理的研究对象总体，47家典型产业园区概况见表7-11。

在表7-11中的产业园区中，属于国家级的园区有15家，属于自治区级的园区有32家。其中，80%的园区为多产业混合型园区，单产业主导型的园区为少数，并且主要是自治区级的，以煤炭、石化、农副产品加工等资源型产业为主导。

表7-11 **新疆地区47家典型产业园区概况**

序号	园区名称	级别	园区类型	主导产业
1	阿拉尔经济技术开发区	国家级	多产混合	纺织、建材、化工、冶炼、光伏、农副产品深加工
2	吉木乃边境经济合作区	国家级	单产主导	石油、天然气、国际贸易和仓储、现代物流产业
3	库尔勒经济技术开发区	国家级	多产混合	棉纺化纤、石油天然气精细化工、物流业、特色农副产品加工、高新技术新兴产业、石油技术服务及配套
4	博乐市边境经济合作区	国家级	多产混合	新型建材、制糖、棉纺、油脂、塑料
5	阿拉山口综合保税区	国家级	多产混合	建材加工、金属压延加工、石油制品加工、运输物流、仓储物流
6	昌吉高新技术产业开发区	国家级	多产混合	植物油、乳制品、饲料、番茄、林果和小麦加工的生物科技产业、新能源、新材料、先进装备制造
7	准东经济技术开发区	国家级	单产主导	煤电、煤电冶一体化、煤化工、煤制气、煤制油
8	喀什经济开发区	国家级	多产混合	现代服务业、战略性新能源产业、轻加工制造产业
9	石河子经济技术开发区	国家级	多产混合	纺织、食品、现代农用装备、化工
10	乌鲁木齐高新技术产业开发区	国家级	多产混合	新能源、新材料、先进装备制造、煤化工、生物医药
11	乌鲁木齐经济技术开发区	国家级	多产混合	冶金、风电、食品饮料、汽车制造、机械装备、新型建材、现代物流、新型煤化工、信息工程、生物医药、新材料
12	甘泉堡经济技术开发区	国家级	多产混合	新能源与新材料工业、煤化工、高新技术产业、装备制造业、机电工业、精细化工、有色金属加工、新型建材、一般制造业

续表

序号	园区名称	级别	园区类型	主导产业
13	五家渠经济技术开发区	国家级	多产混合	机械装备制造、有色金属加工、纺织服装、农副产品加工、生物医药、新材料、节能环保、现代服务业
14	奎屯-独山子经济技术开 发区	国家级	多产混合	现代化工、冶金、光伏材料、纺织加工、设备制造、仓储物流
15	霍尔果斯经济开发区	国家级	多产混合	装备制造业、农副产品加工业、轻纺加工业、高新技术产业
16	米东新区化工工业园区	自治区级	多产混合	石油化工、天然气化工、氯碱化工、煤化工及精细化工、新型建材、机械制造业
17	头屯河工业园区	自治区级	多产混合	食品加工、生物制药、机械制造、新型建材、石油化工、彩印包装、塑业生产、粮油生产
18	乌鲁木齐水磨沟工业园区	自治区级	多产混合	家具、建材、印刷、热电联产
19	米东新区高新技术产业园区	自治区级	多产混合	石油化工、天然气、氯碱化工、煤化工、建材、机械制造
20	米泉工业园区	自治区级	多产混合	机械、农牧产品和线缆加工
21	霍城经济开发区	自治区级	多产混合	农副产品深加工、轻工纺织、电子包装、机械建材、进出口产品加工
22	伊东工业园区	自治区级	多产混合	煤化工、矿产品加工、新型建材、农产品精深加工、仓储物流产业
23	奎屯-独山子石化工业园 区	自治区级	多产混合	化工、冶金、装备制造、纺织、光伏、现代物流
24	乌苏化工园	自治区级	多产混合	石油化工及下游精细化工产业、装备制造产业、农副产品精深加工产业、新型建材产业

续表

序号	园区名称	级别	园区类型	主导产业
25	阿拉山口工业园区	自治区级	多产混合	石油化工、矿产品加工、石材加工
26	和硕经济开发区	自治区级	多产混合	葡萄酒\辣椒\西红柿加工、新型建材
27	库尔勒经济开发区	自治区级	多产混合	天然气精细化工、棉纺化纤、农副产品加工及仓储、石油装备及制造业、高新技术及生物制药、矿产品精深加工
28	轮台工业园区	自治区级	多产混合	石油天然气化工、煤电煤化工、盐化工、冶炼、装备制造、油田技术服务
29	吐鲁番经济开发区	自治区级	多产混合	机械加工制造、金属冶炼、物流、建材、新能源、化工
30	鄯善化工产业园区	自治区级	单产主导	石油天然气精细化工、无机盐化工、煤电煤化工、仓储物流
31	鄯善石材工业园	自治区级	单产主导	石材雕刻、异型材加工、石材机械装备制造、石粉废料综合利用
32	托克逊能源重化工工业园区	自治区级	多产混合	能源、化工、矿产
33	库车化工园区	自治区级	多产混合	精细化工、装备制造产业、农副产品精深加工、新型建材
34	阿克苏经济技术开发区	自治区级	多产混合	电力能源、天然气化工、石油化工、煤化工、建材、精细化工、棉纺、机织、针织、化纤和农副产品加工

续表

序号	园区名称	级别	园区类型	主导产业
35	拜城重化工工业园区	自治区级	多产混合	煤电、煤化工、盐化工、天然气化工、钢铁冶炼、农副产品精深加工基地
36	克拉玛依市石油化工工业园区	自治区级	单产主导	石油天然气化工、煤化工、盐化工、生物化工、精细化工
37	哈密工业园区	自治区级	单产主导	新能源、风电装备制造
38	昌吉高新技术产业园区	自治区级	多产混合	植物油、乳制品、饲料、番茄、林果和小麦加工的生物科技产业、新能源、新材料、先进装备制造
39	阜康重化工业园区	自治区级	单产主导	煤电、煤焦化、有色金属冶炼
40	富蕴矿业工业园区	自治区级	多产混合	高端装备新材料、煤电、煤化工
41	喀什中亚南亚工业园区	自治区级	多产混合	高新技术、棉纺织、新型建材、农副产品深加工、组装加工、国际仓储物流
42	伽师工业园区	自治区级	多产混合	农副产品精深加工、机械组装加工、矿产品加工
43	石河子工业园区	自治区级	单产主导	良种子种苗繁育、现代农业节水和信息服务、高效畜牧业、现代农业种植和农产品深加工
44	阿拉尔工业园区	自治区级	多产混合	农副产品深加工、棉纺织、农用机械、电力能源
45	兵团温州工业园区	自治区级	单产主导	轻工、食品业
46	沙雅循环经济工业园区	自治区级	多产混合	天然气化工、轻纺、农副产品深加工、医药、建材、轻工、机械加工、电器
47	玛纳斯工业园区	自治区级	多产混合	混纺、能源、煤化工

在这些园区中，并没有出现再生资源型园区和农产品加工与生活混合社区，因此需要扩大样本范围，收集这两种类型的代表性园区。

经过信息检索，将一家再生资源型园区——乌鲁木齐固体废物处理循环经济示范园区，和一家农产品加工与生活混合社区——金岗循环经济产业园，也选作代表性园区。尽管这两家园区并不是自治区级的重点建设区，没有被列入表7-11中，但此类园区仍具有重要意义，在后续的典型园区生态化治理模式匹配中，本书将其作为典型园区和研究对象展开具体描述。

7.3.2 资源型产业分析及其研究对象选择

根据上述47家园区的主导产业信息，将名称相近的产业归类到统一名称的产业中，形成数据集；同时本书采用“文字云”的统计方法进行统计，并将各产业类型的分布情况用文字云图的形式来表示，如图7-6所示。

文字云是以文字作为绘图元素，图中文字大小与该文字所代表的对象出现的频率正相关。在图7-6中，某个产业的名称的文字字号越大，代表该产业在所有园区中出现的次数越多，说明了该产业更具有主导地位。

从图7-6中可以看出，目前新疆各产业园区的主导产业与地区的自然资源禀赋息息相关，石油天然气化工、煤化工和农副产品精深加工的字号最大，表明这3个资源型产业在各产业园区中出现的频次最多。

此外，根据图7-6呈现的结果，与棉花种植加工和生产相关的棉纺/纺织/轻纺产业也占据着较重要的地位。

虽然新疆地区的太阳能和风能资源富集，但是观察图7-6发现，光伏和风电产业并未处于主导的地位，与传统的不可再生资源产业相比，在各园区中出现的频次并不高。如果按照重要度来考虑，那么这两个资源型产业可以暂时不必考虑生态化治理问题，但是从降低传统化石能源比重的战略需求来看，光伏和风电产业能够充分利用新疆的自然禀赋，因此在本书中也将其列入研究范围。

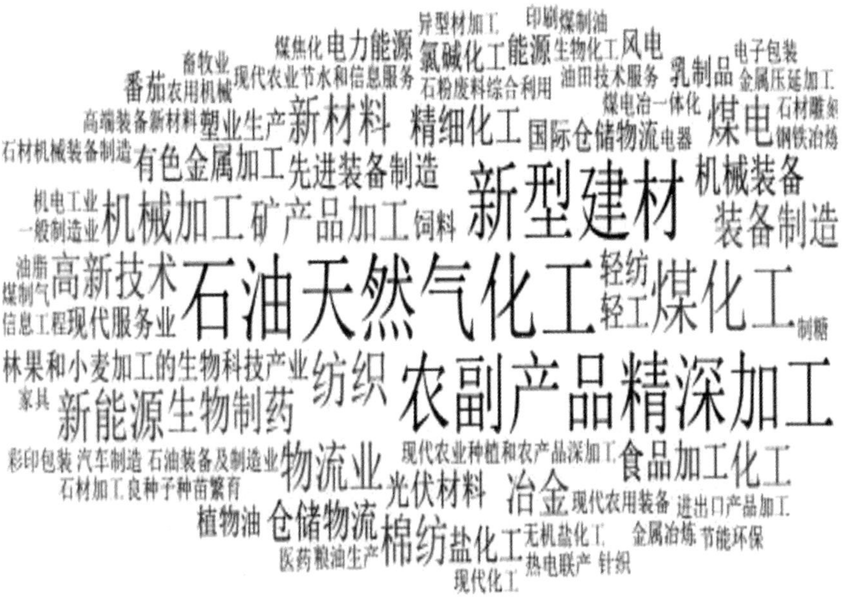

图7-6　新疆地区主要工业园区的产业类型分布文字云图

图7-6揭示出石油天然气化工、煤化工、农副产品精深加工、棉纺/纺织/轻纺、光伏和风电产业在新疆地区的重要度，但是这些资源型产业的生态化发展现状如何，对环境的影响如何，也是需要考虑的因素，以进一步判断是否有必要将这5个产业都列入生态化治理的对象中。

根据《2021年新疆统计年鉴》，在7.1节和7.2节的统计数据分析的基础上，可以将上述5种资源型产业的能耗和排污情况与其他产业相比较，结果整理见表7-12。表7-12中光伏和风能产业在统计年鉴中尚无相应数据，因此不做比较。除了光伏和风电产业之外，4种资源型产业目前的能源消耗总体上较高，例如：石油天然气化工产业能耗在所有产业中最大，其他4个产业的能耗虽然没有排入前10名，但是在排名的50个行业中，位列前1/3。

而在环境污染方面，这4种资源型产业的三废排放量在所有产业中都是非常高的，总体上排在前列。

表7-12 5个资源型产业的能耗和排污情况

资源型产业	能源消耗占总量比重	环境污染情况
石油天然气化工	32.0%（第一位）	废气排放量排第六位、废水排放量排第二位
煤化工	3.4%（第十二位）	固废排放量排第一位
农副产品精深加工	4.59%（第十一位）	废水排放量排第四位
棉纺/纺织/轻纺	1.7%（第十四位）	废水排放量排第一位
光伏和风电产业	-	-

综合文字云所揭示出来的重要度和环境污染程度的结果，这5个产业因为体现了新疆的资源型产业特点，并且有些产业已经对环境产生严重影响，因此本书将石油天然气化工、煤化工、农副产品精深加工、棉纺/纺织/轻纺、光伏和风电产业列为新疆未来需要重点开展生态化治理的资源型产业。

7.3.3 代表性资源型产业园区选择

本书选择新疆地区有代表性的园区作为重点研究对象。选择的原则：第一是要涵盖5个资源型产业；第二是包含在前述检索到的47个产业园区中；第三是目前开展循环经济力度较大的园区。依此原则，选择出12个代表性产业园区。这12个产业园区多数为经中央批准建设的国家级产业园区，其中乌鲁木齐经济技术开发区已获批为国家级生态工业示范园区。

另外，由于在上述的47个产业园区中没有资源再生型园区和农产品加工与生活混合社区，所以经过进一步信息检索，将一家再生资源型园区——乌鲁木齐固体废物处理循环经济示范园区，和一家农产品加工与生活混合社区——金岗循环经济产业园，也选作代表性园区。尽管这两家园区并不是自治区级的重点建设区，但是根据该类园区的现状，本书作者认为，在新疆地区的产业生态化建设中此类园区具有重要意义，同时它们也是在我国西部地区具有示范意义的园区。因此，将上述3个园区典型作为补充，总共选择了12个有代表性的产业园区，对新疆的生态化产业模式展开分析。

最终选择出的新疆地区的12个代表性资源型产业园区，其具体信息和开展循环经济的现状总结见表7-13所示。

表7-13　　新疆地区典型产业园区的循环经济概况

园区名称	产业	目前开展的循环经济状况	成立时间（年）
乌鲁木齐经济技术开发区（国家级）	冶金、风电、食品饮料、汽车制造、机械装备、新型建材、现代物流、新型煤化工、信息工程、生物医药、新材料	电气机械及器材制造业循环经济产业链；塑料化工制品—包装材料—农副产品加工—食品制作—饮料行业的循环产业链；饮料行业—食品制作—农副产品加工—生物制药—包装材料—塑料化工制品的循环产业链；工业污水及生活污水未经集中处理，固体废弃物的处置率比较低	1994
昌吉国家高新技术产业开发区（国家级）	植物油、乳制品、饲料、番茄、林果和小麦加工的生物科技产业、新能源、新材料、先进装备制造	棉籽—榨油—棉粕、番茄生产—番茄酱—番茄红素、生物榨油油脂—生物柴油等的食品和农副产品循环链条；污水处理和中水回用；江北再生纸业回收废纸，艾萨尔生物回收牛羊骨头制作明胶，新奥果汁利用葡萄皮和葡萄籽提取花青素，锐通木业利用树根、木渣和棉秆加工刨花板等副产品	2010
甘泉堡经济技术开发区（国家级）	新能源与新材料工业、煤化工、高新技术产业、装备制造业、机电工业、精细化工、有色金属加工、新型建材、一般制造业	多晶硅—硅片（园外）—电池片（园外）—组装应用下游产业链；煤—尿素—复合肥、煤—甲醇—二甲醚产业链；热电联产—固废—建材；产业间关联度较低，已有循环产业链条较短；工业固废产量高，缺乏有效循环利用；没有形成企业与企业之间的水循环链	2007
阿拉尔经济技术开发区（国家级）	纺织、建材、化工、冶炼、光伏、农副产品深加工	纺纱—针织—印染—织布—成衣棉纺产业链；棉化工、氯碱化工、天然气化工、煤化工循环产业链；红枣、粮食、乳制品等特色农产品产业链；太阳能电池、LED等光伏产业链；蒸压粉煤灰砖、玻璃钢储罐、玻璃管管材、彩钢、钢结构、塑钢门窗等建材产业	2003

续表

园区名称	产业	目前开展的循环经济状况	成立时间（年）
五家渠经济技术开发区（国家级）	机械装备制造、有色金属加工、纺织服装、农副产品加工、生物医药、新材料、节能环保、现代服务业	玉米、番茄、葡萄、土豆等农副产品精深加产业链条；有色金属加工产业链；工业废渣、农产品废弃物、废水、余热等尚未充分利用	2004
准东经济技术开发区（国家级）	煤电、煤电冶金一体化、煤化工、煤制气、煤制油	煤制烯烃、煤制气及煤制乙二醇等现代煤化工产业链；已经开展水资源循环利用，正在建设工业固废处置中心和高盐水处理厂	2012
库尔勒经济技术开发区（全国循环经济试点园区）	棉纺化纤、石油天然气精细化工、三产及物流业、特色农副产品加工、高新技术新兴产业、石油技术服务及配套产业	纱锭、粘胶纤维、涤纶、服装纺织服装产业链；针对化纤化工生产中排放的废气和污水，构建了化工生产中的二硫化碳—化纤的化工产业链；已经开展污水处理工程，利用了污水消纳地	2000
拜城重化工业园区（新疆循环经济试点单位）	煤电、煤化工、盐化工、天然气化工、钢铁冶炼、农副产品精深加工基地	余热余压、固体废物和废水资源化利用、钢铁生产系统与社会生活系统循环链接、高炉炉顶余压发电、冶金渣处理、煤气收集发电、污水处理	2005
沙雅县循环经济工业园区（自治区首家循环经济工业园区）	天然气化工、轻纺、农副产品深加工、医药、建材、轻工、机械加工、电器	依托农副产品深加工、野生生物产品加工产业，形成生物制药、林果深加工、粮食深加工、油脂精深加工、特色畜产品深加工产业链；轻纺产业以纯棉纺织、粘棉混纺、三聚氰胺纤维与棉纤维混纺、棉纤维与化纤混纺等为主，形成纺纱、织布、印染、制衣等循环棉产业链	2010

续表

园区名称	产业	目前开展的循环经济状况	成立时间（年）
米东新区化工工业园区（自治区循环经济试点园区）	石油化工、天然气、氯碱化工、煤化工、建材、机械制造	资源—热电—化工—化学建材和化工—水泥—建筑循环产业链，粉煤灰和炉渣等固废填埋处理，未开展污水综合利用，余热未开展梯级利用	2006
乌鲁木齐固体废物处理循环经济示范园区	渗沥液处理、填埋气体发电、生活垃圾焚烧发电、生活垃圾填埋、餐厨垃圾处理、粪便处理	城市固体废物减量化、再循环与资源化	2015
金岗循环经济产业园（兵团级工业园区）	矿产牧业、设施林果、现代高效农业生产、生态养殖、火电、硅、城镇文化商贸	物质循环、余热综合利用，循环热水为城镇及其设施、林果业区、高效农业区和畜牧养殖区供暖	2011

7.4 新疆地区的资源型产业园区生态化治理模式匹配分析

综上所述，新疆地区无论是国家级还是自治区级的各类产业园区，在5种资源型产业的发展过程中需要进一步明确未来的生态化治理模式。根据本书前述国内外典型案例的分析结果，在分析新疆典型资源型产业园区开展生态化治理现状的基础上，本书给出了多种资源型产业生态化治理模式。

7.4.1 典型资源型产业园区生态治理概述

本书选择出的新疆地区12个代表性的园区，从1994年成立，一直到2015年，入驻企业数量从十几家发展到两千多家。从发展规模和成立时间上来看，12个产业园区可以分为4类。第一类是成立时间早，入驻企业数量达到2 000家的国家级乌鲁木齐经济技术开发区；第二类是成立时间虽然不早，但是发展速度快，入驻企业数量达到600多家的全国循环经济试点园区——库尔勒经济技术开发区；第三类是入驻企业数量为30多家、成立时间较晚、发展速度慢的园区，如甘泉堡经济技术开发区、准东经济技术开发区等；第四类是入驻企业数量在100家左右、成立时间晚、发展速度相对较快的园区，如昌吉国家高新技术产业开发区和米东新区化工工业园区等。

根据表7-13总结的12个代表性园区开展循环经济的情况，可以将新疆资源型产业园区产业生态化的总体状况总结如下：

第一，新疆的资源型产业园区已经初步形成了一些主副产品链，具备进一步构建生态产业网络的基础。例如：乌鲁木齐经济技术开发区、昌吉国家高新技术产业开发区的农副产品链的形成，阿拉尔经济技术开发区形成的棉纺产业主产品链，准东经济技术开发区的现代煤化工产业主产品链，米东新区化工工业园区建设的石油化工产业主产品链等。

第二，新疆的资源型产业园区内的产业链普遍较短，不同产业链之间的关联关系较少，存在进一步延伸的潜力和空间。例如：昌吉国家高新技术产业开发区的农副产品链，涉及主体的类型和数量局限在2~3个，即便是不同农副产品的加工链之间，也尚未全面建立物质流关系，还有多数产业园区的主产品链和副产品链均未形成。新疆地区的地域广阔，又有内地技术、资金和人才的支持，其产业生态化实现的空间很大。

第三，在选择的12个代表性产业园区中，均以主产品链的建设为主，对园区的废弃物处理得很少。从新疆地区的总体情况看，其资源型产业园区对固废、污水等副产品的普遍利用率偏低，能源等梯级利用的关系缺乏，尚未培育出园区内的废弃物处理的核心分解者企业。例如：国家级的乌鲁木齐经济技术开发区废弃物的处置率比较低，五家渠经济技术开发区、米东新区化工工业园区的工业废渣、农产品废弃物、废水、余热等尚未充分利用等。

7.4.2 典型资源型产业园区的生态化治理模式匹配

在前述章节的社会化网络分析案例中，已经得到不同产业和园区经常采用的生态化治理模式，具体可查阅第6章的表6-1和表6-5的总结结果。从产业和园区特性上来看，某种资源型产业在现有典型案例中已经采用某些治理模式，说明这些治理模式可以推广应用到该资源型产业发展的其他情形中，也就是说，从经验借鉴的角度来看，典型案例研究结果可以为新疆的资源型产业生态化治理模式提供决策依据。按照对照分析的思路，对上述12个新疆的资源型产业园区可以采用的备选治理模式进行了汇总，具体结果见表7-14。

表7-14　依据园区类型和产业特征形成的初步匹配结果

园区名称	园区类型	主要产业	备选治理模式
乌鲁木齐经济技术开发区	多产混合型	冶金、机械、食品、煤化工	副产品链拓展模式 固废再利用主导型模式 废弃物集中分解模式
昌吉国家高新技术产业开发区	多产混合型	农业、生物科技	副产品加工自循环模式 固废再利用主导型模式
阿拉尔经济技术开发区	多产混合型	纺织、化工、农业	副产品链拓展模式 固废再利用主导型模式
五家渠经济技术开发区	多产混合型	农业、冶金	固废再利用主导型模式 废弃物集中分解模式
库尔勒经济技术开发区	多产混合型	化工、化纤	副产品链拓展模式 主产品链延伸模式
拜城重化工业园区	多产混合型	煤炭、农业	副产品链拓展模式 废弃物集中分解模式 固废再利用主导型模式

续表

园区名称	园区类型	主要产业	备选治理模式
沙雅县循环经济工业园区	多产混合型	农业、化纤	副产品链拓展模式
甘泉堡经济技术开发区	多产混合	煤炭、新能源	副产品链拓展模式
准东经济技术开发区	单产主导型	煤炭	副产品链拓展模式
米东新区化工工业园区	多产混合型	石油化工、煤炭	副产品链拓展模式
乌鲁木齐固体废物处理循环经济示范园区	资源再生型	食品废弃物加工	固废再利用主导型模式
金岗循环经济产业园	农产品加工与生活混合社区	农业	产品加工自循环模式

表7-14中的匹配结果表明，多数资源型产业园区可以采用两三种生态化治理模式。例如，乌鲁木齐经济技术开发区，其主要资源型产业为风电、食品饮料、机械装备、新型煤化工，对照图6-6，可以看出类似产业所采用的治理模式多为副产品链拓展模式和固废再利用主导型模式。乌鲁木齐经济技术开发区属于多产业混合型园区，根据表6-8的汇总结果：此类园区也有较多典型案例采用副产品链拓展模式，部分园区采用了固废再利用主导型模式。

针对某个资源型产业园区存在多个备选的生态化治理模式的前提，需要进一步根据其产业特点明确最优的治理模式。因此，根据第6章给出的5种资源型产业生态化治理模式的适用条件，将存在多个备选治理模式的园区与其进行对照，通过列表打分法确定出每个园区最适合的生态化治理模式，具体打分结果见表7-15。

表7-15 **依据各种模式治理适用条件形成的匹配关系**

治理模式	适用条件	乌鲁木齐经济技术开发区	昌吉国家高新技术产业开发区	阿拉尔经济技术开发区	五家渠经济技术开发区	库尔勒经济技术开发区	拜城重化工业园区	沙雅县循环经济工业园区
符合副产品链拓展模式的特征及匹配度	产业链成熟	√	×	√	×	√	√	√
	物质流交换关系稳定	√	√	√	×	√	×	√
	具有核心企业群	√	√	√	√	√	×	×
	匹配度	3	2	3	1	3	2	×
符合废弃物集中分解模式的特征及匹配度	产业同质度高	×	√	×	√	×	√	√
	副产品种类单一或集中	×	√	×	√	×	√	√
	可引入核心分解者企业	×	√	√	√	√	√	√
	匹配度	0	3	1	3	1	3	3
符合固废再利用主导型模式的特征及匹配度	区域内主产品企业多	√	√	√	√	√	×	×
	持续产生大量副产品	√	×	×	×	×	×	×
	具备独立开展副产品资源化的空间	×	×	×	×	×	×	×
	匹配度	2	1	1	1	1	0	0
符合产品加工自循环模式的特征及匹配度	农产品加工与生活混合社区	×	×	×	×	×	×	×
	物质流交换关系成熟	√	×	×	×	×	×	×
	可以形成闭环物质流网络	×	×	×	×	×	×	×
	匹配度	1	0	0	0	0	0	0
符合主产品链延伸模式的特征及匹配度	具有较大规模的主产品链	√	×	√	×	√	×	×
	利用较多矿产等自然资源	×	×	×	×	√	√	×
	主产业链具备延伸条件	√	√	√	√	√	√	√
	匹配度	2	1	2	1	3	2	1

以乌鲁木齐经济开发区为例，该园区成立时间早，存在2 000家企业，目前已经在食品饮料、汽车制造、机械装备等产业上形成了成熟的主产品链，企业之间的物质流交换关系稳定，存在若干核心企业群，因此符合副产品链拓展模式的所有适用条件，匹配度最高，为3分。

昌吉国家高新技术产业开发区，在食品和农副产品方面形成了产业链，产业同质度高，并且废弃物主要是因食品生产而产生的废渣废料，因此废弃物种类相对集中，但是由于成立时间晚，所以该园区内的主产品链尚不成熟，目前最符合废弃物集中分解治理模式，并且可以在继续拓展主产品的基础上采用副产品链拓展模式。

其他园区的匹配关系分析与上述两个园区的思路相同，这里不再赘述。

结合表7-14和表7-15的匹配结果，可以得到5种资源型产业治理模式的最终匹配结果，包括以固体废弃物加工业为主的资源再生型园区的治理模式。各类产业园区和资源型产业生态化治理模式的具体匹配结果见表7-16。

表7-16 **各类产业园区和资源型产业生态化治理模式的最终匹配结果**

<table>
<tr><th>产业</th><th>园区类型</th><th>首选治理模式</th><th>备选治理模式</th></tr>
<tr><td rowspan="2">农副产品深加工产业</td><td rowspan="2">农产品加工与生活混合社区多产业混合型</td><td>产品加工自循环模式</td><td>-</td></tr>
<tr><td>废弃物集中分解模式</td><td>副产品链拓展模式</td></tr>
<tr><td>煤炭产业</td><td>单产业主导/多产业混合型</td><td>副产品链拓展模式</td><td>废弃物集中分解模式</td></tr>
<tr><td>石化产业</td><td>多产业混合型</td><td>副产品链拓展模式</td><td>主产品链延伸模式</td></tr>
<tr><td>棉纺与化纤产业</td><td>多产业混合型</td><td>副产品链拓展模式</td><td>废弃物集中分解模式</td></tr>
<tr><td>光伏、风电等产业</td><td>多产业混合型</td><td>副产品链拓展模式</td><td>废弃物集中分解模式</td></tr>
<tr><td>固体废弃物加工业</td><td>资源再生型</td><td>固废再利用主导型模式</td><td>-</td></tr>
</table>

表7-16中的信息揭示出：

第一，新疆煤炭、石化、棉纺与化纤、光伏与风电等资源型产业可以采用的首选生态化治理模式为副产品链拓展模式。根据该园区产业特征，也可以备选废弃物集中分解治理模式。石化产业可以备选主产品链延伸模式。

第二，新疆的农副产品深加工产业在不同类型的园区中，首选的生态化治理模式存在区别。如果是农产品加工与生活混合社区，那么优选产品加工自循环模式；如果是多产业混合型园区，那么首选废弃物集中分解模式，备选副产品链拓展模式。

第三，对于利用工业生产和社区生活所产生的各类固废等副产品，可以新建资源再生型园区，采用固废再利用主导型的生态化治理模式。

7.5 资源型产业园区生态化治理的对策建议

根据资源型产业园区各类生态化治理模式的运作特征、适用条件和治理规则，结合上述新疆5种资源型产业园区最终匹配的生态化治理模式结果，提出未来新疆在开展资源型产业园区生态化治理方面的对策建议。

（1）对于新疆的煤炭、石化、棉纺与化纤、光伏与风电等资源型产业园区，可以重点采用副产品链拓展模式，分阶段推进生态化治理。

在生态化治理初期，煤炭、石化、棉纺与化纤产业在拉长主产品链的基础上，加快引入污水处理、固废综合利用等能够处理废弃物的分解者企业，逐步降低资源型产业对环境的三废排放量。

在三废治理初见成效的同时，将产业链延伸的重点逐步从主产品链延伸调整到副产品链延伸的发展路径上来。政府通过制定扶持政策引导资源生产企业之间从最大程度上开展废弃物的交换，培育资源型产业园区内部的废弃物交易市场。

煤炭、石化、棉纺与化纤、光伏与风电等资源型产业园区可以成立废弃物资源化推进组织，该组织可以负责审核入园企业的资格，严格限制资源生产企业的进入。在对园区产品交换关系进行顶层设计的基础上，重点引进废弃物处理企业，对主产品链进行补链，逐步提升分解者企业的数量和对物质流的控制力度。

（2）农副产品深加工要围绕新疆的果品、畜牧产品等特色产业，根据不同类型园区的生态化治理要求，采用废弃物集中分解和产品加工自循环两种治理模式。

对于将农业与其他产业相混合的产业园区，要系统设计不同产业之间的废弃物集约化综合利用关系，重点引入能够为整个产业群落提供污水处理、固废综合利用、能源梯级利用等功能的核心分解者企业，或者能够综合利用农副产品的超大型企业，围绕这些核心主体企业构建农产品物质流的流入和流出关系，形成废弃物集中分解的治理模式。

对于依托农村地区形成的农产品加工与生活混合社区，可借鉴国内外的相关经验，将农产品的生产、加工、消费、废弃物处理等各个环节形成闭环，不是以追求引入更多的企业为目标，而是在充分利用现有企业的基础上，实现对物质流和能量流的最大程度使用，形成产品加工自循环的治理模式。

对果品、畜牧产品等产业，在建设园区时，必须将居民区的生活需求纳入产业生态化系统中，充分利用秸秆等废弃物发展沼气等能源项目，加大农业生产过程中的水资源梯级利用，将污水处理作为生态化治理的基本任务。

（3）抢抓国家打造“丝绸之路经济带”的战略机遇，在资源型产业发展过程中，既要积极承接内地产业转移，也要从生态化治理的视角出发，在产业承接中大力引入能够综合利用产业废弃物的分解者企业，提高入园企业的标准，以保证新疆地区资源型产业的可持续发展。

贯彻落实党的二十大精神，高质量打造新疆棉花及纺织服装产业集群，在实现将新疆基本建成国家重要棉纺产业基地、西北地区和“丝绸之路经济带”核心区服装服饰生产基地的建设目标过程中，不能简单地将内地的纺织项目引入新疆，必须在生态化治理视角下，重点以副产品链延伸的路径拓展纺织产业链。

对入疆的资源开发项目严格执行负面清单制度，围绕资源型产业生态化治理的要求，制定全区的资源型产业结构调整目录，加快淘汰落后产能，鼓励纺织服装产业中资源化利用企业的发展。

（4）充分利用资源型产业园区和城市社区所产生的固体废弃物，加快建设能够同时服务园区和城市社区的资源再生型园区，采用固废再利用主导型的生态化治理模式，推动再生资源的高效加工利用。

以乌鲁木齐固体废物处理循环经济示范园区为推广起点，充分借鉴国外诸如美国乔克托生态工业园、日本北九州生态工业园建设资源再生型园区的经验，采用固废再利用主导型的生态化治理模式，使资源型产业开发所在地的群众在不能充分享受开发和工业发展收益的现状下，降低当地的环境成本负担，进而减少由资源开发导致的社会矛盾。

将固废再利用主导型模式的再生资源型产业园区的建设纳入新疆各地区的整体发展规划中，把此类园区的用地纳入城乡建设用地规划，统筹安排土地利用计划指标，优先保障固废再利用主导型模式项目对新增建设用地的需求。

（5）在资源型产业的生态化治理项目设计方面，可以充分利用民间资本，采用公私伙伴关系（PPP）模式，以加快产业网络中废弃物链条的补链和延伸的进度。

在资源型产业生态化治理的过程中，政府不能完全依靠市场来快速引入可以综合利用废弃物的分解者企业，需要发挥公共部门的引导作用。在国家目前大力推广 PPP 模式的背景下，资源型产业所在园区或者城市可以成立生态化治理 PPP 项目管理机构，建立该园区所急需引进的 PPP 项目库，并出台针对性的税收、土地、工商等优惠政策，鼓励民间资本积极参与资源型产业的废弃物补链项目。

可以在全区的国家级产业园区先行先试，通过制定生态化治理 PPP 项目指南，推出一批试点项目，形成资源型产业园区生态化治理的示范效应并向各级园区推广。

（6）加大资源型产业园区生态化治理的政策约束力度，健全生态化治理的组织结构，针对各类生态化治理模式的发展特性要求，制定资源型产业园区生态化发展水平评估标准，实现对产业园区的动态化治理。

制定和完善新疆资源型产业园区的生态化发展规范指南、生态化水平评定标准以及绩效评价等管理办法，成立由政府的主要负责领导、园区内分解者企业、专家学者、社区居民代表等各方利益相关者构成的资源型产业园区生态化治理委员会，结合专业性的第三方评估体系，加大对资源型产业园区的生态化治理力度，定期对园区的生态化治理水平进行评价并发布评价结果，建立将评估结果与园区发展政策支持力度相挂钩的激励约束机制。

自治区要从顶层设计开始，在“十四五”规划制定中，对新疆的资源型产业园区的生态化治理作出统一部署。各资源型产业园区要从生态化治理的角度重新设计发展定位，编制园区生态化发展规划。

7.6 本章的研究结果总结

第一，石油天然气化工、煤化工、农副产品精深加工、棉纺/纺织/轻纺、光伏和风电产业是新疆未来需要重点开展生态化治理的资源型产业。

第二，新疆的资源型产业园区内的产业链条普遍较短，不同产业链条之间的关联关系较少，存在进一步延伸的潜力和空间，资源型产业园区对固废、污水等废弃物普遍利用率偏低，能源等梯级利用的关系缺乏，尚未培育出园区内的废弃物处理的核心分解者企业。

第三，新疆煤炭、石化、棉纺与化纤、光伏与风电等资源型产业可以采用的首选生态化治理模式为副产品链拓展模式。根据园区产业特征，也可以备选废弃物集中分解治理模式。石化产业可以备选主产品链延伸模式。

农副产品深加工产业在不同类型的园区中的生态化治理模式存在区别。如果是农产品加工与生活混合社区，那么优选产品加工自循环模式；如果是多产业混合型园区，那么首选废弃物集中分解模式，备选副产品链拓展模式。

对于利用工业生产和社区生活所产生的各类固废等废弃物，可以新建资源再生型园区，采用固废再利用主导型的生态化治理模式。

8 研究结论与展望

本书采用案例研究和社会网络分析方法，在综合国内外30个案例信息的基础上，经过系统的比较和综合，在研究对象范围内，发现了若干具有规律性的结果，形成如下几点研究结论。

8.1 本书的主要结论

研究结论一：在本书所分析的案例对象范围内，产业园区可以分为单产业主导型、多产业混合型、资源再生型、农产品加工与生活混合社区等4种类型，存在5种彼此具有显著差异的资源型产业生态化治理模式，分别是副产品链拓展模式、废弃物集中分解模式、产品加工自循环模式、固废再利用主导型模式和主产品链延伸模式。

30个案例中，多产业混合型园区最多，占总数的46.4%，其次是单产业主导型和资源再生型园区，而农产品加工与生活混合社区的数量最少。在生态化治理模式中，除了主产品链延伸模式之外，其余4种治理模式的分布数量相对较为均匀，占全部案例数量的 20% ~ 30%，说明资源型产业在进行生态化治理模式的选择时，围绕废弃物交换关系构造的4种治理类型是较为多见的实施方案。

研究结论二：5种资源型产业生态治理模式所适用的产业类型和园区类型各不相同，并且在产业网络中的分解者所处的地位、物质流向内向外趋势、主体之间的物质流交换关系数量、产业链延伸方式等方面存在显著差异，能够据此提出不同治理模式的适用条件和治理规则。

（1）国外的资源型产业比较倾向于采用固废再利用主导型的治理模式，而国内的资源型产业则倾向于选择副产品链拓展模式。

对于废弃物集中分解治理模式和产品加工自循环治理模式，在国内外都有采用。主产品链延伸模式只是在国内出现，目前的案例分析并未发现该模式在国外采用的证据。

资源型产业的生态化治理模式随着时间而发生变化，二者存在中度的相关性，产品加工自循环治理模式和固废再利用主导型治理模式在早期采用得比较多，而到产业发展后期副产品链拓展模式和主产品链延伸模式出现得较多。

不同的产业具有相应的治理模式倾向性，在资源型产业园区生态化模式选择决策中可以首先依据产业特性给出初步判断。

对于资源再生型产业园区，案例研究结果显示采用固废再利用主导型治理模式，而农产品加工与生活混合社区则采用产品加工自循环模式。这两种园区类型与治理模式存在完全一一对应的关系。

单产业主导型和多产业混合型园区采用副产品链拓展治理模式和废弃物集中分解治理模式居多。对于单产业主导型园区，案例研究未发现采用固废再利用主导型治理模式的证据；对于多产业混合型园区，也缺失产品加工自循环治理模式的案例。在这两种类型的园区中都出现了主产品链延伸治理模式。

（2）副产品链拓展模式的治理特征为：①以最初形成的主产品链接为基础，以持续引入分解者并扩展副产品交换链接为发展路径，表现为网络平均距离随着时间不断增加；②产业网络上以分解者身份存在的核心主体数量不断增加，社会网络外围呈现出分解者和消费者分布众多的形态；③网络的向外中心度普遍高于向内中心度，产业生态网络整体上呈现出物质向外流出的态势；④产业网络图整体上呈现出向外发散的状态。

废弃物集中分解模式的治理特征为：①产业网络内产生的废弃物集中到若干个具有控制力的核心分解企业中进行生态化利用，网络凝聚力指数高于其他治理模式的数值；②产业生态网络的末端主要由生产者和消费者类型的企业构成，网络链接关键点由分解者和生产者类型企业构成，便于形成废弃物向内流动的集中态势，导致产业生态网络的向内中心度普遍高于向外中心度；③产业生态网络上的中心度最高的主体一般为分解者企业；④产业网络形态整体上呈现出星型状态，表现出物质流向内吸引的特征。

产品加工自循环模式的治理特征为：①废弃物在产业网络系统中开展充分的循环利用，使得产业生态系统的网络密度总体上普遍较高；②多数主体具有向外输出废弃物的物质流关系，使得网络向外中心度高于向内中心度；③核心主体在全部主体中所占比例普遍较高，具有控制力的主体数量显著多于其他治理模式的主体数量；④产业网络形态整体上呈现出若干闭环，表现出明显的物质流循环特征。

固废再利用主导型模式的治理特征为：①产业网络的废弃物主要来自系统外部，从物质流形态上具有明显的废弃物输入和产品输出特征；②产业网络的向外中心度和向内中心度之间的绝对差异是在所有治理模式中最小的。

主产品链延伸模式的治理特征为：①产业网络平均距离在所有治理模式中最大；②主体之间的链接关系相对数量较少，表现为整体网络密度较低；③主要围绕主产品物质流关系设计产业链条，产业网络形态整体上呈现出线性的扩展趋势。

（3）副产品链拓展治理模式的适用条件为：已经存在物质流交换稳定关系的园区，具有若干处于核心地位的开展主产品交换的企业群，但是在水、能源等自然资源有限性的制约下，需要通过资源梯级利用来逐步扩大产业链规模。

废弃物集中分解模式的适用条件为：园区内产业的同质度较高，产业网络上的多数现有主体所产生的废弃物种类相当单一或者集中，能够通过引入若干核心分解者主体实现资源的集约生态化利用。

产品加工自循环模式的适用条件为：对于农业生态园区或者将农业生产和生活相结合的农业社区，物质流的交换关系存在较为成熟的模式，能够以较低的交易成本构造出主导产品和处理废弃物，实现最大的循环利用。

固废再利用主导型模式的适用条件为：区域内已经存在较多主产品生产企业，能够持续产生大量的废弃物，可以建设一个能够实现废弃物资源化利用的独立园区，作为区域内现有产业的资源输出对象。

主产品链延伸模式的适用条件为：园区内的产业可以实现主产品链的不断延伸，一般具有矿产等自然资源，可以通过从初级资源产品到深加工产品的多级产业链条来构建基础。

（4）可以从主体增加、物质交换关系构建、治理模式的结构3个方面形成5种治理模式的治理规则。

研究结论三：新疆地区可以将石油、天然气化工、煤化工、农副产品精深加工、棉纺/纺织/轻纺、光伏和风电产业作为开展生态化治理的主要资源型产业，多数情况下首选副产品链拓展模式作为治理手段。

首先，石油天然气化工、煤化工、农副产品精深加工、棉纺/纺织/轻纺、光伏和风电产业是新疆未来需要重点开展生态化治理的资源型产业。

其次，新疆的资源型产业园区内的产业链普遍较短，不同产业链之间的关联关系较少，存在进一步延伸的潜力和空间，资源型产业园区对固废、污水等废弃物普遍利用率偏低，能源等梯级利用的关系缺乏，尚未培育出园区内废弃物处理的核心分解者企业。

最后，新疆煤炭、石化、棉纺与化纤、光伏与风电等资源型产业可以首选采用的生态化治理模式为副产品链拓展模式。根据园区产业特征，也可以备选废弃物集中分解治理模式。石化产业可以备选主产品链延伸模式。

农副产品深加工产业在不同类型的园区中首选的生态化治理模式存在区别。如果是农产品加工与生活混合社区，则优选产品加工自循环模式；如果是多产业混合型园区，则首选废弃物集中分解模式，备选副产品链拓展模式。

可以利用工业生产和社区生活所产生的各类固废等废弃物，新建资源再生型园区，采用固废再利用主导型的生态化治理模式。

8.2 存在的研究局限

本书采用多案例研究的方法，分析国内外资源型产业园区的治理模式，并总结出相应的治理特征和规则。因为信息收集的局限性，案例收集的数量虽然已经达到研究结果抽取饱和的状态，但是不能够排除现实中存在不属于本书总结的5种治理模式集合中的特殊案例，因此，本书所提炼出来的结果可能并非是治理模式的全集。这也是案例研究本身所不可避免的局限性。

在这个局限性上，本书的研究结果更需要从借鉴的意义上来理解，不能将其简单外推到其他非案例研究范围的资源型产业园区，可以参考新疆地区资源型产业生态化治理模式的匹配分析过程，对典型案例的研究结果作出调整。

另外，因为研究篇幅限制，有关社会网络分析的其他量化过程，例如结构洞分析等，未能在本书中出现，因此可能会导致资源型产业典型案例分析的结果遗漏一些内容。这个局限是否会对本书结果产生显著影响，还需要后续研究进一步论证。

8.3 研究展望

结合上述提出的研究局限，本书未来可以从以下几个方面开展研究：

首先，在现有5种资源型产业生态化治理模式的基础上，继续通过检索案例来挖掘是否存在其他与这5种模式存在显著差异的模式。

其次，文中出现的资源型产业园区的典型案例都具有许多非常值得深入分析的内容，可以使用更多的社会网络分析工具来进行分析。

最后，对于类似于新疆地区的其他西部资源型省份，也有必要从资源型产业生态化治理的视角出发开展研究，以形成具有针对性的治理对策。

参考文献

[1] COLKER J.Transformation of an industrial city: high-tech comes to Pittsburgh [J]. Management Review, 1985, 74 (5): 48-52.

[2] 杨伊，谭宁，胡俊男．全球价值链嵌入、技术创新与资源型产业绿色发展 [J]．统计与决策，2022，38（15）：71-76.

[3] 廖伟峰．协同创新驱动资源循环利用产业集群升级研究 [J]．现代盐化工，2022，49（4）：100-102.

[4] FAKHREDDIN F, FOROUDI P, WRIGHT L T, et al.The impact of market orientation on new product performance through product launch quality: A Resource-based View [J]. 2022 (9): 210-220.

[5] 严文林，胡锡琴．油气资源产业集群对区域经济增长的影响——基于西部地区的实证研究 [J]．国土资源科技管理，2021，38（2）：87-97.

[6] WANG Z M, ZHAO L R.Analysis of the sustained and firm support of resource-based industries on China\Vs economy [J]. Applied Mechanics and Materials, 2014 (448): 4228—4234.

[7] 王凯．基于区位熵的资源型产业集群发展研究——以贵州省为例 [J]．开发研究，2019（2）：110-116.

[8] 何永达．内生视角下产业集聚、技术创新与循环经济研究——以造纸业为例 [J]．企业经济，2010（8）：47-50.

[9] 栾笑天，高波，张乙集．依托优势资源以资本为纽带推动产业规模化运营——海南农垦打造现代农业产业集群案例 [J]．国企，2021（11）：

65-69.

[10] 王志亮，贾宇虹．社会资本、企业能力对产业集群竞争力的影响研究——以内蒙古资源型产业集群为例［J］．南京财经大学学报，2019（5）：66-74.

[11] 徐旭．推动煤炭资源型城市高质量转型发展［J］．奋斗，2020（17）：35-36.

[12] 罗福周，陆邦柱，方永恒．区域循环矿产资源产业集群发展水平预测的实证研究——基于陕西的经验分析［J］．人文杂志，2017（9）：58-62.

[13] 傅沂，杨修进．资源型产业集群演化机理研究——基于利益主体间演化博弈和仿真视角［J］．中南大学学报（社会科学版），2016，22（1）：106-113.

[14] 赵建英．以产业集群助推资源型经济转型［J］．前进，2012（9）：40-42.

[15] KETELS C. The development of the cluster concept—present experiences and further developments［C］．Duisburg：NRW conference on clusters，2003.

[16] 盘劲呈，李海，刘洪．长三角地区体育产业集群与区域经济的互动关系研究［J/OL］．［2023-08-18］．http：//kns.cnki.net/kcms/detail/37.1013.G8.20230816.1055.004.html.

[17] 郭利平．中原城市群、产业集群耦合与区域经济增长［J］．统计与决策，2023，39（10）：126-130.

[18] 汪秀琼，陈海鹰，吴小节．产业集群研究的知识结构及主题演化［J］．热带地理，2021，41（1）：190-205.

[19] 王丽艳，马光荣，叶茂亮．采矿业繁荣、产业集聚与制造业发展［J］．经济理论与经济管理，2023，43（5）：22-37.

[20] CORDEN W M，NEARY J P.Booming sector and de-industrialization in a small open economy［J］．Economic Journal，1982（92）：825-848.

[21] GYLFASON T.Natural resources，education and economic development［J］．European Economic Review，2001（45）：847-859.

[22] TORVIK R.Natural resources，rent seeking，and welfare［J］．Journal of Development Economics，2002（67）：455-470.

[23] Blanton R G，Peksen D．Natural resource wealth and the informal economy［J］．International Political Science Review，2023，44（3）：418-433.

[24] 焦嶕．环境规制、资源型产业依赖与“碳诅咒”［J］．统计与决策，2023，39（11）：60-65.

[25] 张荣佳，付琳，孙晓华．地理区位、经济区位与资源型城市产业转型［J］．

宏观经济研究，2022（7）：88-104；119.
[26] 程广斌，王朝阳．资源禀赋视角下绿色福利的创新模式选择：自主创新还是技术引进？[J]．企业经济，2022，41（4）：53-64.
[27] 赵雪．“资源诅咒”的效应、传导机制与应对策略［J]．经济研究导刊，2023（13）：1-3.
[28] 景普秋．基于矿产开发特殊性的收益分配机制研究［J]．中国工业经济，2010（9）：15-25.
[29] 魏国学，陶然，陆曦．资源诅咒与中国元素：源自135个发展中国家的证据［J]．世界经济，2010，33（12）：48-66.
[30] 方颖，纪衎，赵扬．中国是否存在“资源诅咒”[J]．世界经济，2011（4）：144-160.
[31] 张伟，吴文元．西部地区资源型产业集群化趋势及其决定因素［J]．经济体制改革，2012（2）：49-53.
[32] 白云朴．环境规制背景下资源型产业发展问题研究［D]．西安：西北大学，2013.
[33] 赵媛．基于循环经济模式的工业园区发展路径探究［J]．中国资源综合利用，2023，41（7）：44-46.
[34] 赵云君．基于循环经济模式的产业集群生态化转型研究［J]．经济纵横，2010（2）：58-61.
[35] 邢彩霞．基于循环经济的传统产业集群的生态化建设研究［J]．阴山学刊，2013，26（4）：96-100.
[36] 付京，向秋兰．循环经济集群化发展思想的评述［J]．经济问题探索，2010（12）：14-19.
[37] 马莉．我国绿色矿山发展水平评价及发展模式与长效机制研究［D]．徐州：中国矿业大学，2022.
[38] 杨艳丽，华连连．循环经济理论在矿产资源产业链中的应用——评《基于循环经济的矿产资源产业链技术发展路径研究》[J]．矿业研究与开发，2020，40（6）：175.
[39] 蔡绍洪，陈胜男．低碳经济约束与西部地区资源型产业发展［J]．商业研究，2012（5）：140-145.
[40] 张世秋．环境资源配置低效率及自然资本“富聚”现象剖析［J]．中国人口资源与环境，2008，17（6）：7-12.
[41] 李香菊，祝玉坤．西部地区矿产资源产权与利益分割机制研究［J]．财贸经济，2011（8）：28-34.
[42] 李香菊，祝玉坤．中国采矿企业税收负担与经营绩效的实证研究［J]．中

国人口资源与环境，2014，24（2）：149-153.

［43］ 达林太，于洪霞．矿产资源开发利益分配研究——以内蒙古为例［J］．内蒙古大学学报（哲学社会科学版），2015，47（5）：84-93.

［44］ 谢美娥，谷树忠．资源税改革与我国欠发达资源富集区发展研究［J］．生态经济，2006（11）：66-69.

［45］ 胡隽秋．资源型城市与新疆资源性产业可持续发展研究［J］．社科论坛，2007（6）：9-17.

［46］ 薛军，汪戎．中国资源型产业结构调整与升级研究述评［J］．学术探索，2013（11）：37-45.

［47］ 梁剑，谢巧华．资源型产业发展的制约因素分析及其对策［J］．市场论坛，2008（9）：35-36.

［48］ 董玉龙．供给侧结构性改革与资源型产业转型发展［J］．中国市场，2019（31）：50-51.

［49］ 侯博文．凉山彝族自治州资源型产业转型升级研究——以矿产资源型产业为例［J］．中国市场，2021（17）：29-31.

［50］ 李慧．基于全链条视角的山西省资源型产业转型分析［J］．商业经济，2020（1）：63-64；98.

［51］ 王锋正，孙玥，赵宇霞．全球价值链嵌入、开放式创新与资源型产业升级［J］．科学学研究，2020，38（9）：1706-1718.

［52］ 段树国，龚新蜀．基于偏离-份额分析法的新疆资源型产业竞争力评价［J］．干旱区资源与环境，2013，27（11）：9-14.

［53］ 宋丹瑛，张天柱．论资源环境优化产业升级——以战后日本产业结构调整为例［J］．技术经济与管理研究，2012（3）：115-119.

［54］ 敬莉，赵菲菲．基于资源型区域及环境约束视角下的新疆低碳生态化发展研究［J］．新疆社会科学，2016（3）：43-49.

［55］ 薛继亮．西部产业集聚和产业竞争力水平研究——基于西部12省区面板数据的验证［J］．资源与产业，2013，15（3）：50-56.

［56］ 于洪丽，储平平．新型工业化发展模式与路径研究：回顾与展望［J］．湖北经济学院学报，2015，13（6）：49-55.

［57］ 贺灿飞，朱彦刚，朱晟君．产业特性，区域特征与中国制造业省区集聚［J］．地理学报，2010，65（10）：1218—1228.

［58］ 刘媛媛，孙慧．资源型产业集聚环境外部性效应研究——基于区域面板数据的实证检验［J］．生态经济，2021，37（4）：37-43.

［59］ 龙攀．路径构造视角下资源型产业集群演化理论评述［J］．农村经济与科技，2021，32（14）：169-171.

[60] 张会新．我国资源型产业集群的动力机制研究［D］．西安：西北大学，2009.

[61] 王士轩，孙慧，朱俏俏．基于区位熵和RIS模型的资源产业集群识别与检验——以新疆为例［J］．生态经济，2016，32（1）：115-118.

[62] 田原，孙慧，李建军．中国资源型产业低碳转型影响因素实证研究——基于STIRPAT模型的动态面板数据检验［J］．生态经济，2018，34（8）.

[63] BALDASSARRE，BRIAN，SCHEPERS，et al. Industrial symbiosis：towards a design process for eco-industrial clusters by integrating circular economy and industrial ecology perspectives［J］. Journal of Cleaner Production，2019（10）.

[64] 张中华，韩霜．资源型城市产业结构与生态环境的耦合协调模型构建与实证研究［J］．西安建筑科技大学学报（自然科学版），2022，54（6）：881-889.

[65] 刘晓燕，孙慧．资源型产业可持续发展影响因素波动及门槛效应检验［J］．统计与决策，2020，36（9）：99-103.

[66] 吕岩威，王玲力．基于动态偏离-份额空间拓展模型的产业结构与竞争力评价研究：以山东省为例［J］．现代城市研究，2023（1）：112-118.

[67] GARNER A，KEOLEIAN G A. Industrial ecology：an introduction［J/OL］. National Pollution Prevention Center for Higher Education，1995（3）：1-32.［2023-07-06］. http：//www. umich. edu/~nppcpub/resources/compendia/INDEpdfs/INDEintro.pdf.

[68] ROBERT U A. "Industrial netabolism" in technology and environment［M］. Washington，D.C.：National Academy Press，1989：23-49.

[69] ROBERT F，NICHOLAS G.Strategies for manufacturing［J］. Scientific American，1989，261（9）：94-102.

[70] KUAMAR C，PATEL N. Industrial ecology［J］. Proc National Acad，1992（89）：798-799.

[71] SOCOLOW R P.Industrial ecology and global change［M］. New York：Cambridge University Press，1994.

[72] GRAEDEL T E.ALLENBY B R.Industrial ecology［M］. New York：Prentice Hall Press，1995：108-109.

[73] IEEE. White paper on sustainable development and industrial ecology［EB/OL］.（1995-12-19）［2017-12-03］. http：//tab. computer. org/ehsc/ehswp.html.

[74] ERKMAN S.Industrial Ecology：a historical view［J］. Journal of Cleaner

Production，1997（5）：1-10.

［75］ SEAGER T，THEIS L. A uniform definition and quantitative basis for industrial ecology［J］. Journal of Cleaner Production，2002（10）：225-235.

［76］ GRAEDEL T，ALLENBY R. Industrial ecology［M］. Upper Saddle River：Prentice-Hall，2003.

［77］ 刘则渊，代锦．产业生态化与我国经济的可持续发展道路［J］．自然辩证法研究，1994（12）：38-42.

［78］ 秦曼，刘阳，程传周．中国海洋产业生态化水平综合评价［J］．中国人口·资源与环境，2018，28（9）：102-111.

［79］ 王珏晗，张国俊，周春山，等．广东省产业生态化评价与时空演化特征［J］．地域研究与开发，2019，38（2）：36-43.

［80］ 陆根尧，盛龙，唐辰华．中国产业生态化水平的静态与动态分析——基于省际数据的实证研究［J］．中国工业经济，2012（3）：147-159.

［81］ 陈洪波．"产业生态化和生态产业化"的逻辑内涵与实现途径［J］．生态经济，2018，34（10）：209-213；220.

［82］ 朱红伟．论产业生态化理论面临的困境及其目标的实现［J］．现代财经—天津财经大学学报，2008（9）：20-25.

［83］ UNITED NATIONS WORLD COMMISSION ON ENVIRONMENT AND DEVELOPMENT. Our common future［M］. New York：Oxford University Press，1987.

［84］ GREGORY A，KEOLEIAN，DAN M. Sustainable development by design：review of life cycle design and related approaches，air and waste［J］. Journal of the Air and Waste Management Association，1994（44）：646-649.

［85］ CERCEAU J，MAT N，JUNQUA G，et al. Implementing industrial ecology in port cities：international overview of case studies and cross-case analysis［J］. Journal of Cleaner Production，2014（74）：1-16.

［86］ JACQUELINE，ALOISI，et al. Society of environmental toxicology and chemistry（SETAC）［J］. Environmental Science and Pollution Research，1996，3（2）：120.

［87］ MATTILA T，LEHTORANAṬA S，SOKKA L，et al. Methodological aspects of applying life cycle assessment to industrial symbioses［J］. Journal of Industrial Ecology，2012，16（1）：51-60.

［88］ 颜维成，李玲燕，刘晓君．房地产业生态价值链的收益分配及其仿真研究

[J]. 西安建筑科技大学学报（自然科学版），2017，49（3）：449-455.
[89] BRADEN A. Design for the environment：a tool whose time has come [J]. SSA Journal，1991（9）：6-12.
[90] 王建军，康艺铷，李志霞. 园区产业生态化评价研究——以青海省柴达木循环经济试验区为例 [J]. 青海社会科学，2015（5）：190-196.
[91] 王晶，孔凡斌. 区域产业生态化效率评价研究——以鄱阳湖生态经济区为例 [J]. 经济地理，2012，32（12）：101-107.
[92] 刘淑茹，贺泮. 西安市工业生态化水平测评研究 [J]. 现代城市研究，2018（6）：31-36.
[93] 赵武，马一丹，王汝涛，等. 区域产业生态化：理论演进、评价方法及实现路径 [J]. 中国人口·资源与环境，2013，23（2）：259-260.
[94] 李春发，杨建超，周佳良. 天津滨海新区产业生态系统可持续性的能值分析 [J]. 城市问题，2013（12）：37-44.
[95] GERBER L，FAZLOLLAHI S，MARECHAL F. A systematic methodology for the environomic design and synthesis of energy systems combining process integration，life cycle assessment and industrial ecology [J]. Computers & Chemical Engineering，2013（59）：2-16.
[96] LOWE E，HOLMESM S. A field book for the development of eco-Industrial parks [R]. Oakland：Indigo Development International，1995：67-72.
[97] 郝珍珍，李健. 区域工业共生网络研究进展及述评 [J]. 科技和产业，2013，13（3）：39-43；78.
[98] 彭聪. 大力发展循环经济 促进生态型城市和循环社会的构建 [J]. 智能城市，2018，4（24）：24-25.
[99] 王珏晗，张国俊，周春山，等. 广东省产业生态化评价与时空演化特征 [J]. 地域研究与开发，2019（2）：36-43.
[100] 秦曼，刘阳，程传周. 中国海洋产业生态化水平综合评价 [J]. 中国人口·资源与环境，2018（9）：102-111.
[101] 胡梅梅，何倩. 生猪产业生态化及其影响因素分析——基于湖南省案例 [J]. 生态经济，2021（7）：117-123.
[102] 王兆华，武春友，等. 生态工业园中的生态产业链结构模型研究 [J]. 中国软科学，2003（10）：149-152.
[103] 龚晓宁，钟书华. 生态工业园内工业链特征分析 [J]. 中国农业银行武汉培训学院学报，2003（6）：68-69.
[104] 孙大鹏，苏敬勤. 生态工业园价值链分析及管理研究 [J]. 大连理工大学学报（社会科学版），2004（6）：33-36.

[105] 武春友，邓华，段宁．产业生态系统稳定性研究述评［J］．中国人口·资源与环境，2005（5）：24-29.

[106] 尹坚．工业园产业生态化评价指标体系及其升级路径研究［D］．镇江：江苏大学，2013.

[107] 徐可轩，秦光远．协同推进生态产业化和产业生态化的实践与探索——以江苏有机农业发展为例［J］．江苏农业科学，2023，51（14）：256-260.

[108] 冯久田．鲁北生态工业园区案例研究［J］．中国人口·资源与环境，2003（4）：101-105.

[109] 崔辉，宋文华，靳美珠，等．天津生态工业示范园区之钢铁企业生态工业链研究［J］．生态经济，2005（10）：197-199.

[110] 孙顺利，周科平，胡小龙．矿区生态产业链延伸风险及其控制分析［J］．中国矿业，2007（11）：30-32.

[111] 陈雯．生态经济：自然和经济双赢的新发展模式［J］．长江流域资源与环境，2018，27（1）：1-5.

[112] 金国平，朱坦，等．生态城市建设中的产业生态化研究［J］．环境保护，2008（4）：56-59.

[113] 邢俊霞．财税政策支持产业生态化发展存在问题及对策研究［J］．商业经济，2023（5）：161-163.

[114] 田昕加．基于循环经济的林业产业生态化模式构建——以伊春市为例［J］．农业经济问题，2011（9）：86-89.

[115] 吴获．区域产业生态化的发展模式研究［J］．学习与实践，2012（10）：28-33.

[116] 刘建国，袁培焯，许喜佳，等．乡村振兴战略背景下韶关市食用菌产业生态化发展初探［J］．食用菌，2022，44（1）：72-75.

[117] 陈晓峰．产业生态化视角下传统产业集群的转型升级研究——以江苏苏中地区为例［J］．企业经济，2010（4）：46-50.

[118] 张雪梅，王春波，王晓云．基于产业集群与产业生态互动机制的兰州高新区转型研究［J］．现代城市研究，2013（6）：94-98.

[119] 郭景福．“新产业区”产业生态化路径研究［J］．生态经济，2013（10）：141-143.

[120] 孙慧，李苑，李小双．黑龙江、新疆、山东、陕西四省区石油产业集群竞争力比较研究［J］．新疆大学学报（社会科学版），2011，39（1）：1-5.

[121] 孙慧，张娜娜，刘媛媛．基于 AHP 的新疆黑色能源产业集群竞争力评价［J］．软科学，2011，25（2）：84-88.

[122] 唐小玉．基于 AHP 法构建新疆石油产业综合评价指标体系［J］．黑龙江对

外经贸，2011 (4): 67-69.
[123] 余松，刘滨，池泽新，等. 基于AHP的棉花加工产业区域竞争力评价与比较研究——以“苏浙鲁赣皖新”六省为例 [J]. 江西农业学报，2021，33 (1): 123-130.
[124] 刘林军，吴黎军. 基于因子分析与聚类分析的新疆15个城市（地区）产业综合实力研究 [J]. 重庆工商大学学报（自然科学版），2010，27 (6): 600-604.
[125] 孙慧，欧娜. 基于灰色聚类分析的新疆优势产业识别 [J]. 商业研究，2011，411 (7): 42-46.
[126] 孙慧，欧娜. 基于偏离-份额的新疆主导产业识别 [J]. 地域研究与开发，2011，30 (5): 45-49.
[127] 王力，李婕. 我国主产区棉花产业竞争力评价——以新疆生产建设兵团为例 [J]. 安徽农业大学学报，2018，45 (6): 1130-1136.
[128] 周健，和桂娟. 基于熵权-TOPSIS的旅游产业竞争力分析——以新疆为例 [J]. 山东师范大学学报（自然科学版），2022，37 (2): 163-169.
[129] 任凤，李豫新，付金存. 产业结构视角下的新疆区域经济差异分解研究 [J]. 资源开发与市场，2011，27 (1): 21-25.
[130] 翟健强. 基于灰色关联度理论的新疆产业投资结构与产业结构关系分析 [J]. 市场论坛，2011，28 (3): 60-61.
[131] 田坤明，铁木尔. 基于金融支持的新疆产业结构优化升级研究 [J]. 新疆社会科学，2011 (1): 23-28.
[132] 马合木提，唐小玉. 基于 DPG 模型的产业结构演变的因素分析——以新疆为例 [J]. 经济理论与经济管理，2013 (4): 69-79.
[133] 陈曦，张锐，曹芳萍. 西北地区产业结构演变及优化研究 [J]. 北京林业大学学报（社会科学版），2017，16 (4): 69-78.
[134] 宋香荣，张坤. 新疆产业结构优化升级及竞争力评价分析 [J]. 商业经济，2023 (1): 34-36.
[135] 刘媛媛，孙慧，张娜娜. 石油、天然气能源产业集聚与区域产业结构优化 [J]. 经济管理，2013 (2): 32-44.
[136] 周灵. 绿色“一带一路”建设背景下西部地区低碳经济发展路径——来自新疆的经验 [J]. 经济问题探索，2018 (7): 184-190.
[137] 高志刚. 新疆产业结构演变与经济增长的相互关系——基于计量模型分析范式 [J]. 新疆农业大学学报，2010，33 (6): 539-542.
[138] 李生军，铁木尔. 新疆现代产业体系的构建——基于金融支持视角的实证分析 [J]. 新疆社会科学，2012 (6): 41-45.

[139] 段秀芳，刘文佳．新疆经济增长对外商直接投资影响的实证分析［J］．黑龙江工业学院学报（综合版），2021，21（7）：123-127.
[140] 唐红梅，曹阿芳，田坤明．新疆产业结构变动与效益分析［J］．边疆经济与文化，2011，85（1）：10-11.
[141] 买买提，秦伶俐，李丞，等．新疆产业结构变迁与恩格尔系数协整关系的实证研究［J］．新疆社会科学，2012（2）：33-38.
[142] 魏巍，李启元，张建琪．新疆三次产业结构变化对经济增长的影响研究［J］．中国物价，2023（8）：72-74+94.
[143] 安梅梅，龚新蜀．新疆产业转型与生态环境效应分析［J］．新疆财经，2011（4）：61-66.
[144] 李芳，张杰，张风丽．新疆产业结构调整的资源环境效应与响应的实证分析［J］．软科学，2013，27（11）：111-116.
[145] 李芳，张杰，张风丽．新疆绿洲产业发展的资源环境约束研究——基于变参数状态空间模型［J］．科技管理研究，2014（8）：85-89.
[146] 许志明，朱金鹤，陈文．资源开发对新疆产业结构逆向演进的影响研究——基于新疆城市面板数据的实证分析［J］．新疆大学学报（哲学社会科学版），2023，51（4）：18-27.
[147] 肖春梅．资源和环境约束下的新疆资源型产业集群的升级与转型［J］．生态经济，2010，228（8）：103-107.
[148] 努尔夏提．资源诅咒——真实储蓄率与新疆能源产业发展［D］．武汉：华中科技大学，2010.
[149] 刘彪．关于低碳经济下新疆风电产业发展的思考［J］．中国科技信息，2011（6）：23-25.
[150] 王磊，李黎．资源型产业生态化发展影响因素研究——以新疆为例［J］．经济管理，2016，38（2）：34-46.
[151] 王磊．资源型产业生态化与区域经济可持续发展——基于丝绸之路经济带核心区的实证研究［J］．企业经济，2018，37（2）：42-50.
[152] 张娜，牛翠萍．新疆经济可持续发展的动态演进分析——基于生态足迹模型［J］．石河子大学学报（哲学社会科学版），2017，31（6）：11-18.
[153] 塔力普，尼牙孜．新疆维吾尔自治区可持续发展效率研究［J］．环境与可持续发展，2021，46（6）：186-191.
[154] 陈闻君，吕模．“双碳”目标下新疆能源、经济、环境动态关系研究［J］．上海节能，2023（7）：909-920.
[155] PAQUIN R，HOWARD J.The evolution of facilitated industrial symbiosis［J］．Journal of Industrial Ecology，2012，16（1）：83-93.

［156］ 杨柳．亿利集团沙漠农业产业生态化发展对策研究［D］．大连：大连工业大学，2018.
［157］ 索琪．复杂社会系统分析——基于超网络视角［M］．北京：中国社会科学出版社，2021.
［158］ 彭涛，李林军，陆宏芳，等．产业园生态效率评价——以九发生态产业园为例［J］．生态环境学报，2010，19（7）：1611—1616.
［159］ 刘勇，姚星．“3R”原则指导下的农工一体化循环经济模式——对贵港国家生态工业（制糖）示范园建设的分析［J］．生态经济，2005（10）：56-60.
［160］ 赵满华，田越．贵港国家生态工业（制糖）示范园区发展经验与启示［J］．经济研究参考，2017（69）：42-50.
［161］ NARAYAN P，PRASEAD B.Fiji's sugar，tourism and garment industries：a survey of performance，problems and potentials［J］．Fijian Studies，2003，1（1）：3-27.
［162］ LAURA S，SUVI P，MATTI M.Industrial symbiosis contributing to more sustainable energy use-an example from the forest industry in Kymenlaakso，Finland［J］．Journal of Cleaner Production，2011（19）：285-293.
［163］ SUVI P，TUOMAS M，MATTI M.Sustainability and industrial symbiosis-the evolution of a Finnish forest industry complex［J］．Resources，Conservation and Recycling，2010，54（12）：1393-1404.
［164］ SUVI P，A NISSINEN，TUOMAS M.Industrial symbiosis and the policy instruments of sustainable consumption and production［J］．Journal of Cleaner Production，2011，19（6）：1865-1875.
［165］ 宋叙言，沈江．基于主成分分析和集对分析的生态工业园区生态绩效评价研究——以山东省生态工业园区为例［J］．资源科学，2015，37（3）：546-554.
［166］ 孟秀玫．潍坊滨海开发区生态工业园区建设现状及对策研究［J］．科技资讯，2010（3）：60.
［167］ 吴尔希，王巧稚，柯丽华，等．基于Ucinet软件的准格尔矿业生态工业园产业共生网络特征分析［J］．中国矿业，2022，31（1）：68-72.
［168］ JACOBSEN N B. Industrial symbiosis in Kalundborg Denmark：a quantitative assessment of economic and environmental aspects［J］．Jounal of Industrial Ecology，2006，10（2）：239-255.
［169］ SUREN ERKMAN.日内瓦产业生态学［EB/OL］．（2005-07-07）［2023-08-03］．http：//www.china-europa-forum.net/bdfdoc-762_zh.html.

[170] NIHAL S, ALBAYRAK A. Opportunities for sustainable industrial development in Turkey: eco-industrial parks [J]. Journal of Science, 2011, 24 (3): 637-648.

[171] 肖慧. 基于循环经济的生态工业园建设研究 [D]. 重庆: 重庆大学, 2012.

[172] 林佳妮. 新形势下重庆市建桥园区惠企政策研究 [D]. 乌鲁木齐: 新疆农业大学, 2021.

[173] 葛文. 氯碱化工行业产业生态化模式研究 [D]. 上海: 东华大学, 2010.

[174] 李艳. 基于产业集群的氯碱生态工业园模式与评价研究 [D]. 上海: 东华大学, 2010.

索引

资源型产业园区—3-5，11，31，136，138，161，162，188，189，191-194，197-200，202，204-206
产业生态化—3，4，6，7，10，11，17-25，27-34，36，41，73，106，108，109，114，124，157，158，161，188，192，198
生态化治理—4，5，7，11，12，24，32，36，41，43，83，85，89，95，99，102，103，106，109-111，114，117，120，123，124，126，129，131，134，153，157，158，181，186-188，191，197-200，204
治理模式—3，5，8，10，11，29-31，34，35，78，89，90，95，101，103，105，109，111，116-119，121-124，127-129，134，137-162，193-196，198，201-205
工业生态理论—6，9
社会网络分析—8，9，11，17，29-33，42，45，78，80，84，86，87，89-92，96，100，101，104，107，108，110-112，114，115，117，119，121，122，124，125，127，130，141，201，205，206

生态化网络—11，106，155，157
可持续发展—2，4，5，14-16，19，20，22，26，28，198
群组案例分析
副产品链拓展治理模式—11，78，87，89，90，136，138，149，152，160，202，203
废弃物集中分解治理模式—11，78，93，95，99-103，136，138-140，143，144，149，152，160，196，197，200，202，204
产品加工自循环治理模式—11，78，105，106，109，111，114-118，122，136，139，140，152，160，202
固废再利用主导型治理模式—11，78，87，89，119，121，122，124，136，140，146，149，152，160，161，202
主产品链延伸治理模式—11，78，129，136，140，152，161，202